U0011027

圖解免疫學

「我」之所以是「我」的原理

多田富雄 監修
萩原清文 著
藍嘉楹 譯

晨星出版

前言

萩原清文君當年在東大念書的時候，常常來上我的課。他是個很認真的學生，所以我對他印象很深刻。他總是專心地記著筆記；如果遇到不懂的地方，也會過來向我請教。他的筆記讓我看了大吃一驚，因為他居然畫起漫畫，以圖解的方式分析免疫的原理。從他的筆記我看得出來，為了理解如此複雜的結構與原理，他也經歷了許多硬仗與苦鬥。他的筆記，也讓我有了新發現：原來最近的年輕人用這種方式學習啊。

當年在課堂上認真聽講的萩原君，目前已經是年輕有為的醫生，從事過敏和膠原病的臨床實驗與研究。換言之，也就是免疫學應用的第一線。總而言之，萩原君發揮他與生俱來的探索精神，研究著至今所學的免疫學，究竟會如何以疾病的型態現身。

本書以他獨特的口吻解說免疫的理論架構。比較艱澀困難的部分，他則嘗試以擅長的漫畫，利用清楚易懂的圖解方式說明。本書以日新月異的免疫學為主題，內容紮實，是一本好讀易懂的入門書。針對曾經讓自己抱頭苦思的部分，他特地以圖說的方式呈現，彷彿把讀者當作和自己抱著同樣疑惑的同業人員。

另外值得一提的是，本書已超越一本單純的解說讀物，而提升為現代免疫學的概念之作。免疫學除了被視為生物學的領域而不斷發展，在思想上也具備十足的震撼力。本書以科學的語言闡明「自己與非己」「免疫耐受」等概念。萩原君以日常生活中常見的事物舉例，一一進行解說。

他的比喻和漫畫一樣有趣易懂，敘述生動活潑，讓一位年輕醫師的鮮明形象躍然紙上。我想，本書不但能讓一般民眾了解免疫學的重要性，對以後要學習免疫學界的人而言，也是一本很理想的入門書。最後我希望各位能以本書為踏腳石，進入免疫學的奧妙世界。

2001 年 9 月

監修者 多田富雄

圖解免疫學
contents

目次

圖解免疫學
contents
目次

終幕　生命的技法
透過免疫細胞的生命過程來看生命的技法

序曲

免疫學——其誕生與謎團

免疫學的誕生

不曉得大家有沒有想過這些問題？

‧麻疹號稱只要得過一次就不會再得，但是為什麼流感會一得再得？

‧為什麼只要注射流感疫苗，就可以達到預防流感的效果呢？

‧感冒和麻疹這類感染性疾病，痊癒的機制是什麼呢？

免疫學一向是公認的深奧難解，雖然基於「絞盡腦汁也不得其解」的理由被人敬而遠之，但是它的誕生，正是為了替世人消除上述等單純的疑惑。換言之，免疫學的成立源自於為了闡明能夠"免"除"疫"病之苦的機制，以幫助更多人恢復健康。所謂的"疫"，意即"疫病"，也就是傳染病。罹患某種傳染病又痊癒的人們，遠在西元前就已經知道，即使再次罹患同樣的疾病，也不會嚴重到致命的程度。奪走當時歐洲 1/3 人口性命的黑死病在 14 世紀肆虐之際，有些負責照顧患者、處理屍體的修道院僧侶，即使同樣身染黑死病，症狀不但比較輕微，而且痊癒後再也不會得到第二次，因此他們被尊崇為「受神恩寵的人」。順帶一提，"免疫"的英文是"immunity"，其語源是經濟學用語"im-munitas"（免稅、免役）。最後，immunity 一詞，演變成避開壞事，尤其是免於傳染病侵襲的意思。

但是，或許大家知道了會覺得很意外，西歐一直到了 17 世紀以後，才注意到傳染病的發生源自於肉眼看不到的微生物。

疾病非由「氣」而來，而是從「液」

從西元前到 17 世紀為止，西歐人認為「人體由血液、黃膽汁、黑膽汁、黏液這 4 種體液所組成；當這 4 種體液處於失衡狀態時，人體就會生病」，這種說法稱為體液病理學說。

當時生病的人，為了恢復體液的平衡，採取抽出血液的作法，也就是所謂的放血療法。雖然現在聽起來匪夷所思，但是直到 19 世紀，像是針對因罹患結核病而大量吐血的患者，放血長久以來都是最重要的治療方法，而且一直持續到 1940 年代左右。

「病原微生物」的想法誕生

直到不久之前，放血一直是西歐根深蒂固的主流療法，不過到了 17 世紀，出發點迥異於體液病理學說的想法開始萌芽。有人開始相信傳染病的原因是由肉眼看不到的小生物，意即微生物所引起。

就在此時，也不知是出於偶然或者必然，顯微鏡剛好問世了。因此，拜顯微鏡的倍率不斷提升之賜，長久以來不斷折磨人類的病原微生物終於要無所遁形了。

遺憾的是，病原微生物的發現，卻耗費了超過 200 年的歲月才終於實現。到了 19 世紀，結核和霍亂兩大新型傳染病在西歐爆發，夢魘有如橫行於 14 世紀的黑死病再度降臨。

到了 19 世紀末，德國的羅伯・科霍（1843 ～ 1910 年）終於確認了結核菌和霍亂（1882 ～ 1883 年）的存在。在此激發之下，科學家們也逐漸揭開了病原微生物的真面目。

由北里柴三郎發現破傷風菌（1889 年）和鼠疫桿菌（1894 年）、志賀潔發現赤痢菌（1898 年）等日本先進們所創下的輝煌成就，其實隱藏著這樣的歷史背景。我想從這點也不難發現，從有人想到病原微生物的存在可能，到完全揭開它的真面目，究竟歷經了多麼漫

長的一段歲月。

再度現「不會再有第二次」的現象

19 世紀在承先啟後的柯霍之後，病原微生物的面貌在眾多學者的研究下，逐漸變得清晰；法國的路易巴斯德（1822～1895）也在此時登場。

據說首先留意到曾經罹患傳染病又痊癒的人，即使再次染病，也不至於致命的是西元前的歷史學家修西得底斯。到了 19 世紀，觀察力敏銳的巴斯德再次注意到「不會再有第二次」的現象。他首先試著把引起霍亂的病原微生物加以無毒化，再嘗試注射在雞隻身上，結果發現這些雞隻感染霍亂的機率降低了。接著，他把無毒化後的狂犬病的病原成分，注射在被罹患狂犬病的狗咬的人身上，成功預防了狂犬病的發病（1885 年）。

巴斯德為了向某位人物致敬，把這項預防方法命名為 Vaccine，也就是今天通稱的疫苗。這位人物是誰呢？

路易巴斯德（1822～1895）

「疫苗」的由來

我們把時間再次拉回 17 世紀。正如黑死病 14 世紀在西歐造成了莫大的浩劫，到了 17 ～ 18 世紀，"新型黑死病"再度橫掃西歐，這次是天花。

一提到黑死病或天花，大家可能覺得很陌生，不過歐洲有 1/3 的人口在 1348 年死於黑死病。另外，西班牙殖民者皮薩羅為了征服印加帝國，在 1632 年帶來了天花，肆虐當地。但光憑上述兩個案例，大家可能還是很難想像，黑死病和天花曾是奪走無數人性命

的致命傳染病。

　　不過，就像 14 世紀時，有些黑死病的患者，除了症狀比較輕微，痊癒後也未曾發病一樣，18 世紀時也有一群人免於天花的威脅，而且和黑死病一樣，同樣不知原因為何。這群幸運兒是曾經被牛傳染，得過牛痘的擠奶女工。

　　某個觀察力十分敏銳的男人首先注意到「天花和牛痘差不多。所以這些每天和得過牛痘的牛貼身接觸的擠奶女工，早已得過症狀輕微、類似天花的疾病，才沒有染上其他人會得的天花吧」。不久之後，這個男人進行了一項乍看非常不衛生的大膽行動，他從得過牛痘的擠奶女工的手臂擠出膿液，再注射到某個孩子身上，這一針要是讓那個孩子有個三長兩短的話，男人肯定會被問罪，就無法留名青史了。好在兩人都相當受到幸運之神的眷顧，那個孩子最後並沒有得到天花。

　　這個男人名為愛德華・詹納（1749 ～ 1823 年）。至於那個被當作「試驗品」的孩子，據說是他的親生孩子，但也有人說是孤兒。無論如何，好在他的身體並沒有出現異狀，而且還成功接受了天花的預防接種，真是可喜可賀。這次的注射，一般稱為詹納的種牛痘（1798 年）。

　　在 18 世紀末的當時，尚未釐清天花的病原微生物的真面目。但是，此時的科學家已經懂得利用「不會二度復發」的現象，發明了預防傳染病的方法。到了 19 世紀末，各種病原微生物總算「現形」；終於由路易・巴斯德開發出先降低病原微生物的毒性，再透過注射以預防傳染病的方法。

　　正如「前人種樹、後人乘涼」

愛德華・詹納
（1749～1823年）

這句俗諺所示，巴斯德等於是追隨詹納的腳步，從他的經驗淬鍊出傳染病的預防法。巴斯德為了向詹納表示敬意，把這種萃取自母牛（Vacca）的預防法命名為 Vaccine 療法，也就是今天所稱的疫苗。換言之，「Vaccine」（疫苗）的語源是 "牛"。

首次建立了概念

前面已經提過「疫病可能是由眼睛看不到的微小生物所引起」的概念到了 17 世紀首度建立，接下來到了 19 世紀，病原微生物的 "實體" 終於被發現了。另外，18 世紀時，雖然尚未發現導致天花的微生物 "實體"，卻已出現「牛痘和人類的天花是類似的傳染病；只要得過症狀輕微的牛痘，應該可以達到預防天花的效果」的概念。爾後終於開發出使用無毒化之後的病原微生物的治療方法，也就是疫苗療法。

順帶一提，這幾年蔚為話題的基因，在 19 世紀中葉也已出現了明確的概念「遺傳因子一定內含某些特殊的物質」。這樣的概念到了 20 世紀中葉終於獲得證實，確認它的實體就是我們今天所稱的 DNA。

回頭檢視的話，顯微鏡也是 "概念" 下的產物，並不是某天無中生有，憑空出現。16 世紀末，拜一對生卒年不詳的「經營眼鏡店的荷蘭人父子」，在心血來潮、突發奇想之下，想出前所未有的主意「把兩個不同的鏡頭組合在一起」，結果不單是顯微鏡，連望遠鏡也跟著問世了。

此外，在免疫反應方面居功厥偉的輔助 T 細胞（在本書的免疫劇場中，身為要角之一），到了 1969 年，也由彼得・布雷徹和梅爾・肯提出了嶄新的概念「一定有一種細胞負責幫助其他細胞」。不久之後，輔助 T 細胞的神秘面紗終於被揭開，向世人展現出實體。

我想，科學的發展，便是在新概念的成形，並且透過實體的發

現，不斷日新月異。

"21 世紀的黑死病" 是什麼？

巴斯德在 19 世紀末受到 18 世紀末的詹納啟發，終於讓疫苗的研究開花結果，順利問世。不過誰才是真正的受惠者呢？拜這兩位所賜，我們現代人不知天花為何物。說得具體一點，首先多虧了詹納發現預防天花的方法，接著再由巴斯德繼續開發，完成已臻成熟的疫苗療法，才得以讓天花絕跡。1980 年 5 月 8 日，WHO 向全世界宣布天花已經滅絕；這份宣言，也形同「人類已獲得疫苗這項武器的勝利宣言」。

不過，人類真的獲勝了嗎？回顧過往的歷史，我們不難發現，不論改朝換代，人類隨時都在對抗疾病。例如黑死病是西歐在 14 世紀的頭號疾病；17 ～ 18 世紀是天花肆虐的時代；到了 19 世紀，則是霍亂和結核發威，讓人聞之色變。在 20 世紀末，愛滋病以 "新型黑死病" 之姿登場了。

科學家目前尚未製作出能真正對抗愛滋病毒的疫苗。原因在於愛滋病毒像不斷變裝似的，一再改變表面分子的形狀，讓體內負責免疫的細胞們無所適從，無法進行攻擊。最後，連免疫系統本身都會被愛滋病毒破壞殆盡。

愛滋病毒的誕生，對人類的免疫系統造成根本的威脅。愛滋的首起病例在 1981 年確診，也就是 WHO 宣布天花在全世界絕跡的隔年。難道這只是單純的偶然嗎？我想，總有一天，人類一定能克服愛滋病。但是，在我們陶醉於「人類的勝利」之際，說不定又有 "新型的黑死病" 伺機而動。萬一 "新型的黑死病" 真的出現，我們該如何自處呢？當然，要大家馬上回答這個問題是強人所難，所以我想告訴大家我高中時代的恩師，對我說過的一段話。

「沒有人知道大自然接下來要讓人類面對什麼疾病。但是，不管是哪一種，過去發生過的疾病和醫學史應該有不少值得我們借鏡

之處。我認為最好從現在正視這個問題，我一心祈禱著，只要不是難以治療的重大心理疾病就好了。」（福田真人，1987年）

免疫的假動作——時而攻擊「自己」，時而放行「自己以外的異物」

免疫學的誕生源自於一股動機，一股想要釐清如何防止疫病，意即避免傳染病危害人體保護機制的強烈動機。但是，隨著時間的流逝，我們愈明白要解開這個謎團並不容易。

我們已經知道免疫系統的機制，並非「不攻擊自己，而是攻擊自己以外的異物」如此單純。換言之，負責免疫的細胞們，有時候會攻擊「自己」（自體免疫），有時候也會"刻意"不攻擊「自己以外的異物」（對非己的耐受）。不過，就是因為負責免疫的細胞們，也有"刻意"不攻擊「自己以外的異物」的時候，胎兒才能在母親的肚子裡，安穩地待上十個月。

棘手的是，也有一些居心不良的傢伙懂得巧妙利用免疫細胞不會攻擊「自己以外的異物」的機制，盤踞在我們的體內，它們就是癌細胞。癌細胞是從正常細胞變化而成的異物，理應屬於「非己」，但是它們運用了類似胎兒能夠免於母體的免疫攻擊的手法，得以從免疫的攻擊全身而退。

追根究柢起來，所謂的「自己」是什麼呢？

原則上，免疫不會攻擊「自己」，只會攻擊「自己以外的異物」，但有時候它也會攻擊「自己」，反而對「自己以外的異物」放行……那麼追根究柢起來，所謂的「自己」是什麼呢？

所謂的自己，意即各式各樣的細胞在彼此產生相互關係的過程中，所製造出來的行動。

舉例而言，「自己」每天會採取許多積極的作為，例如消滅可能會對「自己」產生反應的危險細胞，或是降低它們的活力，阻礙它們的行動。「自己」不是一種物質，而是行動。只是它所採取的

行動並非永遠都很精準，有時也有荒腔走板的表現。

身兼詩人與科學家的宮澤賢治，將「我」當成動作頻頻的「現象」歌詠，而不是當作固定的「物體」（「稱之為我的現象」、春與修羅 第一集、1924 年）。現代的免疫學，便打算逐漸揭開「稱之為現象的我」的層層面紗。

考慮到有些部分，光以筆墨形容還有所不足，所以我決定在文字敘述之外，也加入插圖說明。我們的免疫系統就像一部壯大的史詩電影，在體內無限綿延伸展。如果各位讀者在化身為觀眾的同時，也能感受到免疫系統和生命現象的不可思議與奧妙之處，這將是我最大的欣慰。

從「不會二度復發的現象」回顧西歐醫學史

紀元前

●修西得底斯、有關「不會二度復發」的記載。

（「不會二度復發」這句話是出自巴斯德）

14 世紀

●黑死病（鼠疫）爆發。

●不會再次得到黑死病的人被視為受到神祇恩寵的幸運兒。

16 世紀末

●「經營眼鏡店的荷蘭人」將兩個鏡片組合在一起。

（顯微鏡和望眼鏡的前身）

17 世紀

●相對於傳統的「體液病理學說」，誕生了「病原微生物」的概念。

●顯微鏡和望遠鏡問世。

●有人開始嘗試利用顯微鏡找出「病原微生物」的真面目。

從 17 世紀到 18 世紀

●天花肆虐。

18 世紀末

●詹納利用罹患過牛痘的擠奶女工的膿汁，達到預防天花的效果（1798 年）。

19 世紀

●霍亂和結核大流行。

19 世紀末

●柯霍發現結核菌和霍亂弧菌（1882 ～ 1883 年）。

●巴斯德再次發現「不會二度復發現象」，開發了疫苗療法（1885 年）。

20 世紀末

● WHO 向全世界宣布天花絕跡（1980 年）。

●出現全世界首起的愛滋病病例（1981 年）。

第1部

免疫的
機制

動員各種細胞上演的體內劇場

我們的身體每天都暴露在漂浮於空氣中的各種微生物，但是，這些微生物的致病率很低，不至於對我們的健康造成威脅。原因在於，即使這些微生物進入我們的身體，但是依靠體內的機制，也能在幾個小時內將之排出體外。

舉例而言，咳嗽和打噴嚏就是標準的排除微生物機制。另外，分泌於鼻水和淚水的物質，也會發揮破壞微生物的效果。除此之外，體內的巨噬細胞，專以各種微生物為對象；一旦發現目標，就一視同仁的將之吞噬消滅。

這種「一律殺無赦」的排除微生物反應，可將之視為我們與生俱來的抵抗力。稱為先天性免疫反應（自然免疫反應）。剛才提到的「一視同仁」，在專業用語中稱為「非特異性」；先天性免疫反應屬於非特異性的快速防禦反應（大約幾個小時）。

當微生物突破了先天性免疫反應的屏障，大舉入侵時，先天性免疫反應必須進行集中攻擊。

瞄準特定微生物攻擊的反應，是耗時高達數天的浩大工程，值得欣慰的是，當同樣的微生物再度入侵時，免疫反應會更迅速地發動強烈攻擊。換言之，免疫反應針對特定的微生物，不但能夠快速攻擊，攻擊強度也提升了，這種情形稱之為後天性免疫（獲得性免疫）。

在第1部中，首先請大家觀賞由後天性免疫領銜主演的大戲吧。

●先天性免疫反應（自然免疫反應）的機制

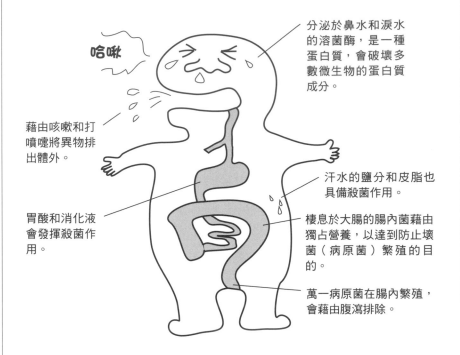

哈啾

分泌於鼻水和淚水的溶菌酶，是一種蛋白質，會破壞多數微生物的蛋白質成分。

藉由咳嗽和打噴嚏將異物排出體外。

汗水的鹽分和皮脂也具備殺菌作用。

胃酸和消化液會發揮殺菌作用。

棲息於大腸的腸內菌藉由獨占營養，以達到防止壞菌（病原菌）繁殖的目的。

萬一病原菌在腸內繁殖，會藉由腹瀉排除。

‧巨噬細胞一視同仁地把入侵體內的各種微生物吞噬消滅。
‧干擾素是一種蛋白質，特性是妨礙病毒繁殖。（干擾素的語源是英語 "interfere"，意思是「干擾」。）

●先天性免疫反應和後天性免疫反應

	先天性免疫反應	後天性免疫反應
一言以蔽之	一視同仁地攻擊（非特異性）	集中攻擊（特異性）
反應的速度	幾個小時	幾天（對已經記憶的微生物反應快）
是否記憶特定的微生物	不會	會

另外，近幾年已經得知活躍於先天性免疫的第一線巨噬細胞，會利用 toll like receptor（TLR）這項分子，以相對特異性的方式，辨識出微生物特有的構造。目前已發現的人類 TLR，至少有 10 種。

接下來在第 1 部中，我將為大家介紹後天性免疫的機制。

第 1 幕

為什麼
感冒會好？

當「我的細胞」不再屬於「我所有」時

　　每年都有不少人被感冒折磨得苦不堪言。不過，只要我們的免疫力沒有衰退，大約只需靜養 1 個星期，感冒自然不藥而癒。感冒痊癒的機制究竟為何呢？為了快速解答這個問題，首先我們必須從身體的構造看起。

　　我們的身體大約由 60 兆個細胞所組成（不知道是誰數的就是了）。細胞的形狀和功能各異，種類包括皮膚細胞、肌肉細胞、腦細胞等。在這些細胞的相互協助下，我們的生命活動才能透過上下關係的成立得以延續。「身體」就像一個社會，由各式各樣的細胞所組成。

　　不過，即使把人類的細胞和動物的細胞集合在一起，或者集合不同人物的細胞，也無法形成"皆由細胞組成的社會"。因為人類是一種多細胞生物，會把「自己的細胞」當作「自己」，排斥「非己」的細胞。

　　區別「自己」與「非己」的系統，就是免疫的基本架構。如果這套系統付之闕如，不管是「你」還是「我」，可能就是一堆由阿狗阿貓的細胞所組成的大雜燴了。

　　免疫的機制是辨識「自己」與「非己」，所以當感冒病毒入侵時，能夠動員生力軍前去擊退。接下來，讓我們一探究竟吧。

scene 1.1 我的身體

從 1 個擴充到 60 兆個

我們人類的身體，大約由 60 兆個細胞組成。這些數量堪稱天文數字的細胞，當初都僅從 1 個受精卵誕生。換言之，受精卵分裂後，會不斷成倍增加（增殖）。每一個增殖的細胞會各自改變性質（分化）。最後逐漸形成形狀與功能各異的細胞，包括皮膚細胞、肌肉細胞、肝臟細胞等。

細胞裡有專屬「我」的標記

我們的細胞從 1 個受精卵逐漸分裂為 60 兆個。即使形狀和功能各不相同，對「我的身體」而言，每個都是「我的細胞」。而且細胞還有獨一無二的標記，也就是屬於蛋白質之一的第一型 MHC 分子 *。

就像每個人的指紋都不一樣，我們每個人的第一型 MHC 分子的立體形狀也各不相同。形狀相同的第一型 MHC 分子，就會得到認同「啊！你和我是同類」。但是，假設我們體內有細胞的第一型 MHC 分子的形狀不一樣，就會被視為「異類」，也就是「非己的細胞」。這時，在「我」的身體當中，負責扮演殺手角色的殺手 T 細胞（細胞毒性 T 細胞）就會出動，清除異己。異體器官移植所引起的排斥反應，也是因為第一型 MHC 分子形狀不同的細胞被移植到體內所致。

＊　MHC：主要組織相容性基因複合體（major histocompatibility complex）。MHC 至少可分為 I、II、III 3 種類型。第一型 MHC 分子，會成為移植他人（非己）器官時，遭受到排斥的 "主要" 目標，幾乎身體所有細胞的表面都有第一型 MHC 分子；不過也有例外，像紅血球的表面就沒有第一型 MHC 分子。所以把別人的紅血球輸進自己的體內時，只要血型相同，原則上不會受到排斥。

第一型MHC分子是「我」的正字記號

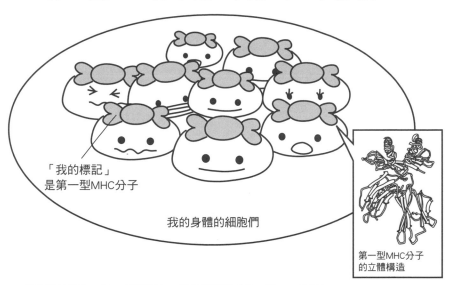

「我的標記」
是第一型MHC分子

我的身體的細胞們

第一型MHC分子
的立體構造

▶ 我身體的細胞，每一個都綁上一樣的蝴蝶結（第一型MHC分子）。
　這就是「我」的正字記號。

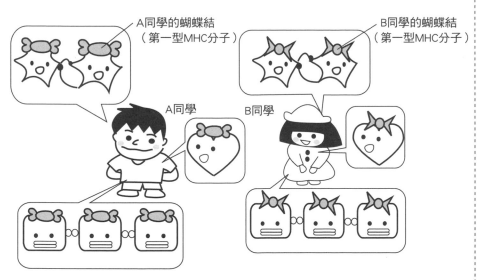

A同學的蝴蝶結
（第一型MHC分子）

B同學的蝴蝶結
（第一型MHC分子）

A同學

B同學

▶ 身體的細胞大小和形狀雖然各不相同，但是一個人的體內，
　所有細胞的蝴蝶結都是同樣的形狀。
　但是A同學和B同學的蝴蝶結形狀不一樣。

scene 1.2 感冒病毒入侵了

　　「我的身體」中的細胞，每一個都有「我」的標記。但是，「我的細胞」一旦被感冒病毒等外敵（非己抗原）感染，這個細胞就不再是「我的細胞」。細胞被感冒的病毒感染後，病毒的片段會進入第一型 MHC 分子。附著了贅物的第一型 MHC 分子，等於喪失了身為「我的細胞」的證明，這種現象稱為「己的非己化」。

　　於是，受到病毒感染，不再是「我的細胞」的細胞，只能等待殺手 T 細胞前來善後。不過，殺手 T 細胞在這個階段依然保持沉睡狀態，不會採取行動。換句話說，只要其他種類的細胞不刺激它，殺手 T 細胞就不會展開殺戮模式。

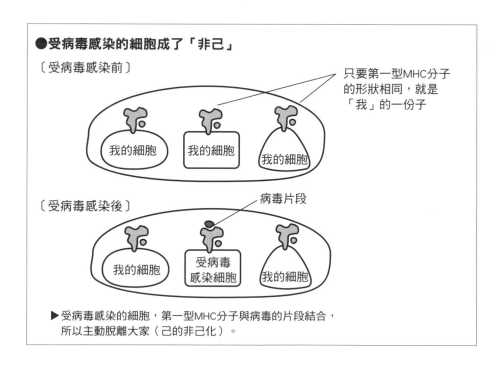

●受病毒感染的細胞成了「非己」

〔受病毒感染前〕

只要第一型MHC分子的形狀相同，就是「我」的一份子

我的細胞　我的細胞　我的細胞

〔受病毒感染後〕

病毒片段

我的細胞　受病毒感染細胞　我的細胞

▶受病毒感染的細胞，第一型MHC分子與病毒的片段結合，所以主動脫離大家（己的非己化）。

當「我」的細胞變得不再是「我」的時候

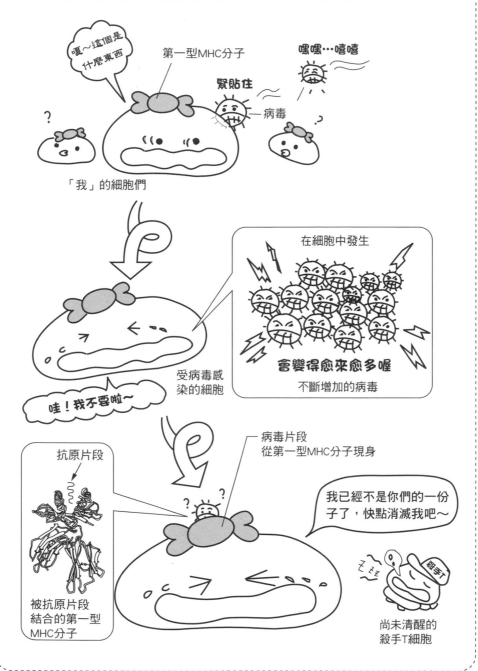

scene 1.3 "大胃王細胞" 和 "救援細胞"

　　前面已經說明了「我」（己）和「非我」（非己），那麼，負責消除「我以外的細胞」的殺手 T 細胞，究竟會在什麼樣的情況下，才會執行自己的任務呢？

　　在說明這點之前，首先登場的是巨噬細胞和輔助 T 細胞。前者是大胃王，後者則是有點自以為了不起。

　　巨噬細胞存在於全身的組織當中。它們隨時處於待機狀態，只要發現從外部入侵的異物，就會將之吞噬消滅。

　　輔助 T 細胞在血液中流動，像巡邏員一樣流經全身各處，棲息於淋巴結和脾臟等臟器。

巨噬細胞大顯身手

　　當感冒病毒（非己抗原）入侵體內，如同前面所提，有些感冒病毒會感染細胞，但也有些會被巨噬細胞吞食（吞噬）。

　　巨噬細胞會咬碎病毒，再把抗原片段提供給輔助 T 細胞，這個過程稱為「抗原呈現」，所以巨噬細胞又名抗原呈現細胞 *。另外，巨噬細胞用來向輔助 T 細胞提供抗原片段的分子，狀似 "雙手"，稱之為第二型 MHC 分子。辨識與第二型 MHC 分子結合的抗原片段的 T 細胞，是一種有如 "手" 的分子，稱之為 T 細胞受體（TCR）。兩者的關係有如鑰匙和鑰匙孔，是一種特異性結合。

＊　抗原呈現細胞：抗原呈現細胞（antigen-presenting cell；APC）不僅只有巨噬細胞，還有樹狀細胞和之後會介紹的 B 細胞等。

巨噬細胞大顯身手

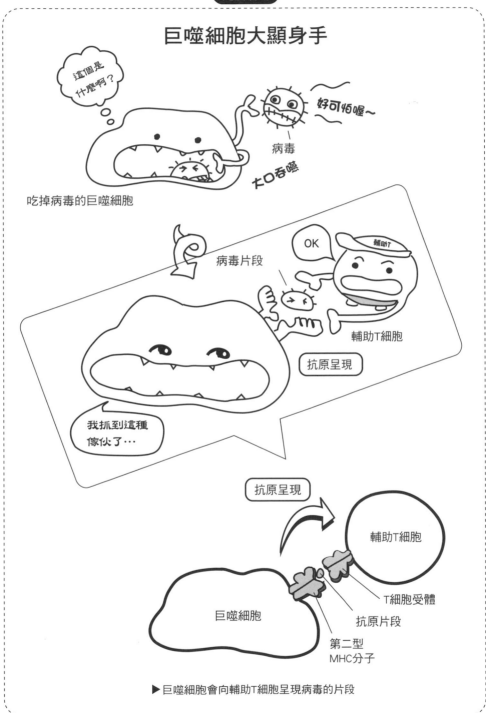

▶巨噬細胞會向輔助T細胞呈現病毒的片段

輔助 T 細胞會喚醒沉睡的殺手 T 細胞

輔助 T 細胞收到抗原片段後，會開始進行調查，辨別出「這不是我們的伙伴！它不是自己人！」，接著進一步展開消滅抗原的工作。具體而言，輔助 T 細胞釋放出一種名為細胞激素的化學物質。這種化學物質對免疫的實戰部隊而言，相當於補充戰力的補給品。原本陷入沉睡的殺手 T 細胞，在細胞激素的刺激下也會清醒過來，開始傷害被病毒感染的細胞 *。胃口奇大無比的巨噬細胞，在得到補給品後，也會顯得活力十足，得以繼續捕捉病毒。

可惜的是，上述只是理想，和實際情況還有一段落差。原因在於，殺手 T 細胞雖然會傷害已感染病毒的細胞，但是卻殺不死病毒本身。病毒唯有被「抗體」這項投擲武器捕捉，才會失去活力（病原性）。負責發射抗體的角色，是免疫反應的另一名主角——B 細胞。B 細胞棲息在淋巴結等處，和 T 細胞一樣在血液中流動，在全身各處負責巡邏。

B 細胞負責捕捉體內的異物（抗原），帶回細胞內。經過消化後，和巨噬細胞一樣，會把抗原的片段放在第二型 MHC 分子上，呈現給輔助 T 細胞。接著，B 細胞也和殺手 T 細胞一樣，等待輔助 T 細胞下達指令。等到輔助 T 細胞釋放出補充分子，經過活化之後，B 細胞才會發射出宛如子彈的抗體，對抗原進行有效的攻擊。

到了這個階段，被病毒感染的細胞終於被殺手 T 細胞收拾乾淨，一命嗚呼；另外，逃竄的病毒們也會被抗體逮捕，或者被巨噬細胞吞食。這就是免疫系統的大致架構。

從第 2 幕以後，我會更仔細的說明免疫反應的過程。

---

*　距離剛開始感染的 4 ～ 5 天之後。

被輔助T細胞喚醒的細胞們

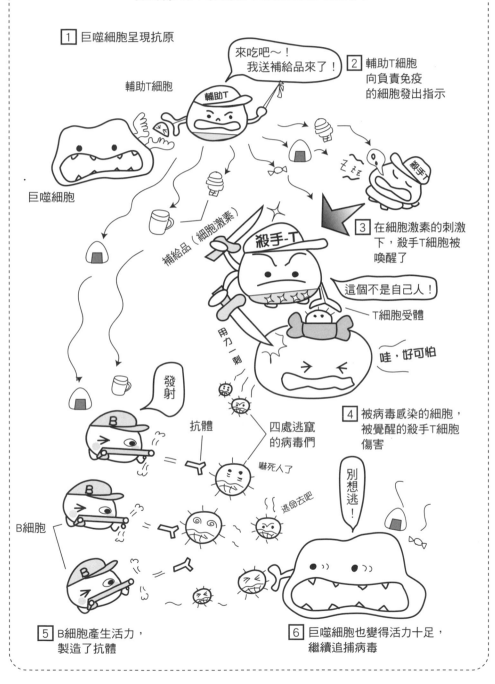

專業術語的簡略說明～細胞激素

●細胞激素是什麼？

所謂的細胞激素，意即由細胞分泌，也作用於細胞的物質。種類很多，包括 I、II、III……型干擾素、TNF-α、干擾素伽碼（Interferon Gamma）等。

●細胞激素和介白素有什麼不一樣？

介白素是細胞激素之一，介白素的集合包含於細胞激素的集合當中。介白素的種類繁多，也分為 I、II、III……型白細胞介素。

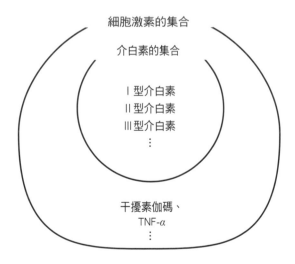

細胞激素的集合

介白素的集合

I 型介白素
II 型介白素
III 型介白素
⋮

干擾素伽碼、
TNF-α
⋮

●細胞激素的作用範例

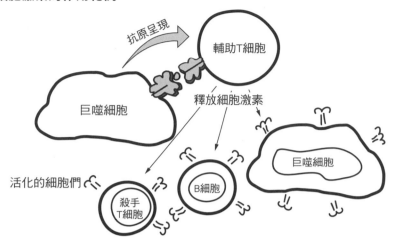

輔助T細胞，會釋放出各種細胞激素，活化殺手T細胞、
B細胞和巨噬細胞。

活化殺手T細胞的細胞激素：介白素2等
活化B細胞的細胞激素：第4,5,6,10,13型介白素等
活化巨噬細胞的細胞激素：干擾素伽碼等

●細胞激素和介白素的語源是什麼？

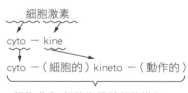

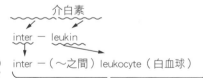

細胞激素=細胞為了讓細胞進行
運作的物質

介白素=作用於白血球與白血球之間的
物質。
就像白血球的集合包含於細胞的集合當
中，介白素的集合也包含於細胞激素的
集合。

●●●●●●●●●● 第 1 幕的總整理

●第一型 MHC 分子是「我」的正字記號

●第一型 MHC 分子是「細胞」證明「屬於我的細胞」的蛋白質，幾乎存在於所有細胞的表面。其立體形狀因人而異，每個人的形狀都是獨一無二。

●第一型 MHC 分子的形狀不同的細胞，被殺手 T 細胞視為「非己」的細胞，受到排除。

●第一型 MHC 分子結合了病毒片段的細胞，已經不是我的細胞

●即使原為「我的細胞」，但被感冒病毒等非己抗原感染的細胞，因為第一型 MHC 分子被病毒的片段結合，所以會主動向殺手 T 細胞呈現「非己」（己的非己化）。

●但是，殺手 T 細胞並不會馬上出動，而是依照下列的程序採取行動。

●殺手 T 細胞藉由輔助 T 細胞的力量覺醒

●非己抗原入侵身體後，巨噬細胞（大胃王細胞）會將之吞食咬碎，再把片段使其與第二型 MHC 分子結合，呈現給輔助 T 細胞（抗原提示）。

●將此抗原片段視為「非己」的輔助 T 細胞，會釋放出各種細胞激素以喚醒殺手 T 細胞。

●輔助 T 細胞釋出的各種細胞激素，除了刺激殺手 T 細胞，也能夠刺激巨噬細胞和 B 細胞等，使其活性化，藉以排出「我的身體」的非己抗原。

■後台休息室■

介紹負責免疫的細胞們

在第 1 幕登場的角色有巨噬細胞、輔助 T 細胞等。這些負責免疫的細胞可大致分為實戰部隊（巨噬細胞、B 細胞、殺手 T 細胞）和司令官（輔助 T 細胞）。接著，讓我們一起看看後台的情況吧。

實戰部隊的後台① 巨噬細胞 先生

大家好，我是巨噬細胞。什麼？你問我為什麼叫巨噬細胞？

所謂的巨，就是「大」的意思；噬就是「吃」的意思。換句話說，如果翻成白話文，巨噬細胞就是「大胃王細胞」。

我的工作是分解入侵「我的身體」的病毒和細菌等異物。我會讓咬碎的片段進入第二型 MHC 分子，它相當於我的兩手，再拿給輔助 T 細胞看。

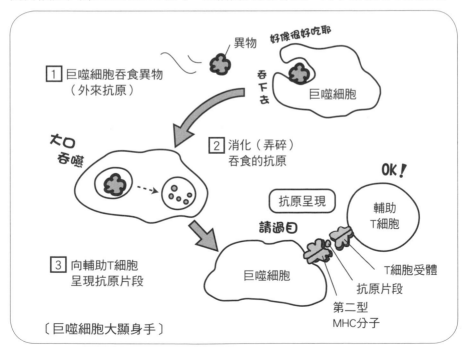

〔巨噬細胞大顯身手〕

看，我很認真工作吧。這個過程據說被學者們稱為「抗原呈現（巨噬細胞吞噬外來抗原，再把抗原片段呈現給輔助 T 細胞）」。

你問我住在哪裡？就組織裡囉。不是在血管裡面，所以我去不了太遠的地方。我比較像是守株待兔，等待異物入侵。

咦、你也是異物？那我該把你吃掉吧？？？

實戰部隊的後台② B細胞 先生

哎呀，好險。像你這樣突然現身，可是很容易受傷呢。

沒辦法，因為我可是捉蟲和射擊高手。你看，我就是利用這把 Y 字型的天線偵測器，找出正在飛行的蟲，再把它們捉下來。其實它們不是蟲，正確說法是抗原（非己的異物）。只要我捉到和天線偵測器完全符合的抗原，我和巨噬細胞一樣，都會把它放進細胞內分解。再讓抗原的片段與第二型 MHC 分子結合，最後拿給輔助 T 細胞看。

輔助 T 細胞看了之後會下指示「銷毀這些抗原」。下一步就看我大顯身手了。本大爺會用這具 Y 字型天線偵測器，正確說法是 B 細胞

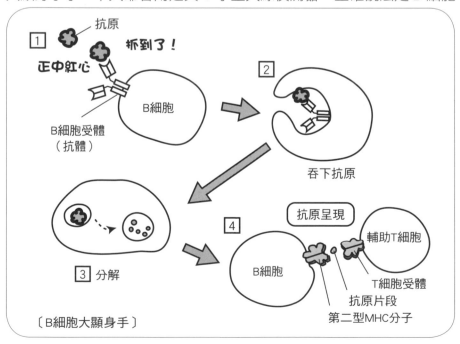

〔B細胞大顯身手〕

受體，把它改裝成抗體這項發射武器，消滅抗原。

什麼？你問我最常待在什麼地方？為了捕捉獵物，我當然隨時都隨著血液在身體各處巡邏，不過我最常去的地方是淋巴結和脾臟就是了。對了，有時候我也會被歸類在淋巴球。

你問我什麼是淋巴球？

我想你還是去聊天室聽聽人家怎麼說吧。

淋巴球是什麼？

為了解答這個問題，必須從血液談起。血液的成分，分為液體成分和血球成分（約 45％）；血球可分為紅血球、白血球和血小板 3 種。其中，若將白血球仔細分類，又可分為淋巴球、嗜中性球、巨噬細胞等。換句話說，淋巴球屬於白血球家族的成員。

淋巴球是一種具備捕捉抗原的天線偵測器（抗原受體）的細胞。抗原受體又分為可捕捉完整抗原的 B 細胞受體，捕捉與 MHC 結合的抗原片段的 T 細胞受體。換言之，T 細胞和 B 細胞合稱為淋巴球。

T 細胞是什麼？

目前已知的 T 細胞，種類至少有 3 種。首先是向免疫反應下達指示的輔助 T 細胞，第二是終止免疫反應的司令官──調節 T 細胞（或稱為抑制 T 細胞）。另外還有一種屬於實戰部隊的性質，親自出馬消滅非己細胞的殺手，稱為殺手 T 細胞。

實戰部隊的後台③ 殺手T細胞 先生

歡迎光臨，我就是「非己」細胞的殺手剋星──殺手 T 細胞。

一旦被我盯上的對象，只有死路一條了。

嘎，你問我怎麼找尋目標？不難找哇，只要看看細胞表面的第一型 MHC 分子就行了。那些第一型 MHC 分子的形狀和人家不一樣的傢

伙，已經不是自己人了。就算以前曾經是伙伴，但只要第一型 MHC 分子被異物的片段結合，就是非己了。既然不是自己人，就別怪我不客氣了。總而言之，我只認第一型 MHC 分子的形狀不認人，只要形狀不一樣，我一律捉起來進行攻擊。

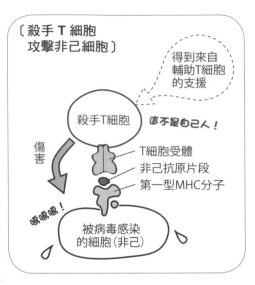

〔殺手 T 細胞攻擊非己細胞〕

得到來自輔助T細胞的支援

殺手T細胞

這不是自己人！

傷害

T細胞受體
非己抗原片段
第一型MHC分子

嗚嗚嗚！

被病毒感染的細胞（非己）

啊，你問我第 1 幕是怎麼回事？你要說我沒用，我也只好認了。雖然聽起來很窩囊，但我沒辦法單獨發揮作用。如果沒有輔助 T 細胞的協助，我只能一直睡下去，我就像一隻沉睡的獅子吧。

總司令官的指揮室　輔助T細胞 先生

我是負責支援巨噬細胞、B 細胞、殺手 T 細胞這群實戰部隊的司令官。巨噬細胞和 B 細胞們，會把它們捉到的抗原放在第二型 MHC 分子上交給我，我則是用 T 細胞受體捕捉這些抗原。

雖然它們會催我「快點下指令」，但是我也有我的自尊。就算向我提出了抗原片段，我也不會光憑這點就發出指令。因為我不確定它們的作戰意志是否足夠堅定。所以除了抗原呈現，一定還要再加點其他種類的刺激，否則我不會下達指令。

〔輔助 T 細胞是免疫的司令官〕

如果缺乏輔助刺激（共刺激）分子，輔助T細胞就不會產生反應

動手吧！

T細胞受體　　輔助T細胞

非己抗原片段
第二型MHC分子

快點！下指示！

B細胞或
巨噬細胞

至於是何種刺激呢？舉例而言，就像是友善的握手、親吻之類的刺激。換句話說，必須是透過細胞表面的分子互相接觸所得到的刺激。學者們好像把這種情況稱之為輔助刺激。詳細的情況之後會在劇場上演，請大家仔細觀賞。

什麼？你說我在第 1 幕沒有握手？……不好意思啦，我本來是打算留到後面慢慢演。話說回來，你看得還真仔細啊。既然如此，我就再多說一點吧。只要沒有親密的親親（輔助刺激），我們就不肯就範的情況，被學者稱為無反應。英文稱為 "anergy（無反應）"。"a" 的意思是「無」，"-ergy" 是「反應」、「工作」的意思。在物理學中，能量（energy）意味著對物體「作工」的能力，所以 "anergy" 的意思是無反應，也就是不作工。不過，我們的拗脾氣，其實對身體至關重要。有關這點，請大家在第 5 幕慢慢看吧。

聊天室 細胞介導免疫和體液免疫

排除異物的免疫機制，可區分為細胞介導免疫和體液免疫兩大類。細胞介導免疫是以殺手 T 細胞和巨噬細胞等細胞為主體，排除抗原的反應；體液免疫則是以 B 細胞所發射的抗體為主，排除抗原的反應。兩者會同心協力，排除抗原。

舉例而言，如果微生物繁殖在抗體無計可施的場所，面對遭微生物（第 1 幕）侵入的細胞時，殺手 T 細胞會連細胞帶微生物整個傷害，或者幫助吞食微生物的巨噬細胞提高消化能力，兩者皆稱為細胞介導免疫。

這裡的重點是不論細胞介導免疫還是體液免疫，如果少了輔助 T 細胞都無法發動。愛滋病之所以讓人聞之色變，原因非常簡單，因為愛滋病毒消滅輔助 T 細胞後，等於讓巨噬細胞、殺手 T 細胞、B 細胞無法發揮作用。詳情說明請參照第 9 幕。

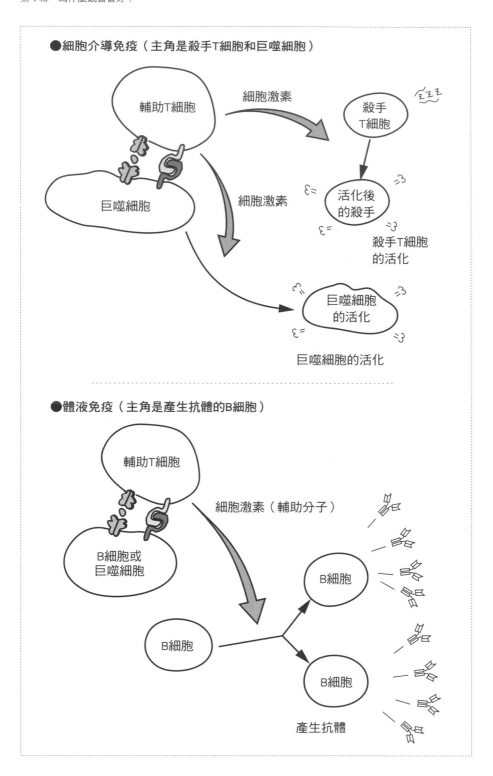

●細胞介導免疫（主角是殺手T細胞和巨噬細胞）

輔助T細胞

細胞激素

殺手
T細胞

活化後
的殺手

殺手T細胞
的活化

巨噬細胞

細胞激素

巨噬細胞
的活化

巨噬細胞的活化

●體液免疫（主角是產生抗體的B細胞）

輔助T細胞

細胞激素（輔助分子）

B細胞或
巨噬細胞

B細胞

B細胞

B細胞

產生抗體

第2幕

我的敵人多到數不清

基因剪接的神乎其技

在第 1 幕，曾出現 B 細胞以抗體當作發射武器，消滅入侵身體的感冒病毒的場面。這時所使用的抗體，原為 B 細胞受體，位於 B 細胞的表面。功能相當於天線偵測器，負責辨識哪些是入侵身體的異物。

B 細胞雖然擁有天線偵測器，但是每一個偵測器所能捕捉的異物種類卻相當有限。天線偵測器僅限於它的形狀和異物的形狀完全吻合時，才能捕捉到異物。

不過，我們人類的身體，號稱即使全宇宙的異物入侵，免疫系統都足以與之對抗。

到底免疫系統是如何發揮作用的呢？總歸一句話，B 細胞們所準備的天線偵測器，種類比全宇宙的異物種類還多。

為何 B 細胞有此能耐呢？第 2 幕將為大家揭開這個謎底。本幕的主角是 B 細胞。

scene 2.1 臨時起意，小憩片刻—— 前往壽司店飽餐一頓

在第 2 幕，B 細胞成了焦點人物。B 細胞會製作種類無數的天線偵測器（B 細胞受體、抗體），所以不論是哪一種異物入侵身體都無所遁形。但是，製作出種類無上限的天線偵測器，無疑是令人歎為觀止的神技。到底 B 細胞是怎麼辦到這點的呢？讓我們來一探究竟吧。

或許大家知道了會很吃驚，B 細胞一到休息時間，似乎是向迴轉壽司店報到。既然如此，我們也跟著忙裡偷閒，一起走進迴轉壽司店瞧瞧吧。

難以置信的是，B 細胞居然要請客。不過它們有附帶條件，那就是只能選擇「日幣 500 圓的壽司 1 個、300 圓的壽司 1 個、100 圓的壽司 1 個」。雖然一次只能吃 3 個壽司很不過癮，但既然是人家買單，我們也不好意思要求太多。

趕快選擇要吃哪 3 個壽司吧。大家可以依照食材的種類，做出各式各樣的組合。其實，食材的組合搭配，正是 B 細胞之所以能夠製造出無數種天線偵測器的秘訣所在。

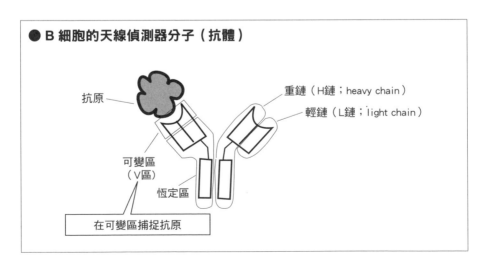

● B 細胞的天線偵測器分子（抗體）

抗原

重鏈（H鏈；heavy chain）

輕鏈（L鏈；light chain）

可變區（V區）

恆定區

在可變區捕捉抗原

在迴轉壽司店

▶ 請你選擇500圓的壽司1個、300圓的壽司1個、100圓的壽司1個。免費附贈茶水。

500圓　300圓　100圓　0圓

這個也要

我要這個

500圓　300圓　100圓　0圓

我要這個　還有這個

500圓　300圓　100圓　0圓

接著是這個

我要開動囉

▶ 這種壽司的選法（組合方式）和B細胞製作偵測分子的方法很像。

33

scene 2.2 剪貼設計圖，製作天線偵測器

　　讓我們把還留在壽司店的 B 細胞拋在腦後，繼續看戲吧。

　　每 1 個 B 細胞都會各自製造一種偵測分子，也就是 B 細胞受體（或稱抗體）。抗體由兩條長的蛋白質（重鏈、heavy chain、H 鏈）和兩條短的蛋白質（輕鏈、light chain、L 鏈）組成。由 H 鏈和 L 鏈製作的前端部分，是各自不同的抗體，形狀也不一樣，稱為可變區（V 區，V 是英文的 "variable" 的開頭字母，意思是可變動）（p.32）。抗體在可變區可以捕捉到異物。

　　H 鏈和 L 鏈的蛋白質是依照設計圖，也就是基因所製作。所謂的抗體蛋白質的製作，就是從設計圖中選擇喜歡的配件，剪下來貼上去。H 鏈的設計圖（基因）由 V 基因、D 基因、J 基因、C 基因相連而成。舉例而言，假設某個 B 細胞從 V 基因片段群、D 基因片段群、J 基因片段群，各隨機挑出一個，將之組合起來。

　　另外，其他的 B 細胞則如右圖所示，以剪貼的方式製作出 H 鏈蛋白質。若以這種組合方式製作，每個 B 細胞的組合內容都各有不同。

　　假設我們把 V 基因片段當作 500 圓壽司、D 基因片段當作 300 圓、J 基因片段當作 100 圓壽司、C 基因片段當作 0 圓的茶水。看到這裡，大家是不是覺得記憶猶新，很像上一頁剛看到的內容。雖然 V 基因片段的實際數量不得而知，但按照估計，起碼也有 200 種甚至 1000 種。另外，D 基因最少也有 10 幾個、J 基因大約是 4 ～ 6 個，所以光以 V 基因片段群 -D 基因片段群 -J 基因片段群進行組合，估計就能製作出數萬種的基因。同樣的原則也適用於 L 鏈，所以若是將 H 鏈和 L 鏈相加，就能產生 1 千萬種以上的變化。B 細胞就是憑藉這樣的組合方式，製作出無數種類的抗體。

我們從剛才一直都在講 B 細胞，事實上，T 細胞也是透過設計圖的剪貼，製造出無數個 T 細胞受體。這種設計圖的剪貼稱為「基因重組」。順帶一提，基因重組是由利根川進博士所發現。

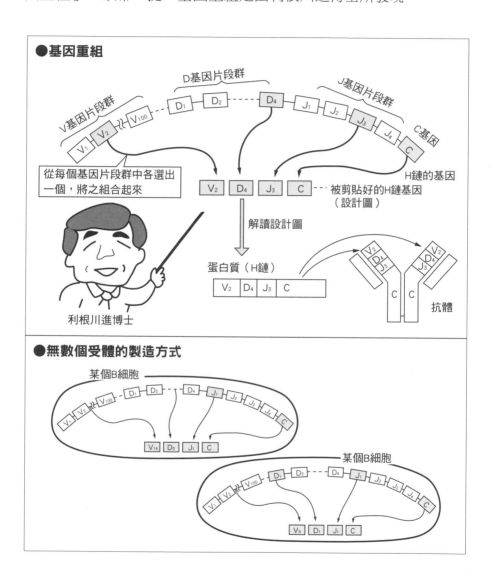

●基因重組

●無數個受體的製造方式

scene 2.3 基因是什麼？

　　剛才我們看到 T 細胞和 B 細胞為了製造出種類無數的受體分子，使出了剪貼設計圖（意即基因）的神乎其技。在此，我想請問大家，聽到「遺傳」「基因」，腦中會浮現出何種印象呢？

　　我常聽到的答案包括「內容很複雜，難以理解」「遺傳就像與生俱來的命運，無法改變吧？」「總覺得有點負面」。不過，大家根本不必把「基因」想得很困難。大多數的生命活動必須仰賴酵素與受體等各式各樣的蛋白質才得以維持，不過蛋白質的組合方式已寫在基因裡。換言之，基因不過是製造蛋白質的設計圖。

　　接下來，我想稍微跳脫免疫的話題，來談談基因。第一，基因和 DNA、染色體、基因組等這些類似的物質有什麼不一樣呢？

DHA、基因、染色體、基因組的差異

　　DNA 是省略為 A、G、C、T 的小分子（核苷酸）相連所形成的條狀分子。基因相當於在 DNA 中擁有設計蛋白質相關資訊的部分。如果把 DNA 比喻成一捲錄音帶，基因就等於是資訊部分，也就被錄音下來的部分。

　　另外，就像磁帶被保護在卡匣一樣，DNA 的外面也被一層蛋白質緊密包覆，而這層蛋白質就是染色體。把所有的卡匣集合在一起，像是第 1 卷、第 2 卷……（染色體 1 號、2 號……），就是基因組。

DNA如果是磁帶，染色體就是卡匣

染色體→卡匣

把DNA整理好的保護物。
DNA如果是磁帶，染色體就是卡匣

基因組
→卡匣的集合體。

染色體1號、染色體2號……全
部加起來就是基因組。
相當於卡匣第1捲、卡匣第2捲
……等全部卡匣。

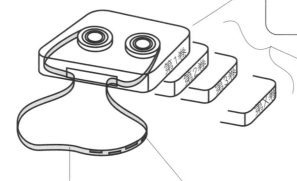

基因→錄音下來的部分

A-T-A-T-A-T-G-C-C-C-G-A-A-T-G-A-A-T-A-T
| | | | | | | | | | | | | | | | | | | |
T-A-T-A-T-A-C-G-G-G-C-T-T-A-C-T-T-A-T-A

在DNA中，擁有蛋白質的設計資訊之部分。
以錄音帶當作比喻的話，相當於錄音下來的部
分。

DNA→磁帶

A-T-A-T-A-T-G-C-C-C-G-A-A-T-G-A-A-T-A-T
| | | | | | | | | | | | | | | | | | | |
T-A-T-A-T-A-C-G-G-G-C-T-T-A-C-T-T-A-T-A

由省略為A、G、C、T的小分子（核苷酸）相連所
形成的條狀分子。
A與T、G與C會互相吸引，所以DNA等於是以兩條
鏈子互相串連而成。
（實際上，DNA的立體構造是呈現雙重螺旋狀，
並非平面。）

蛋白質的設計資訊

　　那麼基因要如何負責蛋白質的設計資訊呢？蛋白質是由串成一列的材料分子，也就是胺基酸所組成。核苷酸的 3 個字母排成一列，相當於一組；它們可以先轉換為胺基酸，再製造出蛋白質。

　　假設這裡有一列 -A-T-G-C-C-C-G-A-A-T-G-A 的核苷酸。

　　「-A-T-G-」這一排 3 個英文字母（三聯體），除了當作蛋白質開始合成的密碼，也可以轉換成一種名為甲硫胺酸的胺基酸。「-C-C-C-」這個三聯體可以轉換為名為脯胺酸的胺基酸，「-G-A-A-」可以轉換為名為麩醯胺酸的胺基酸。「-T-G-A-」則代表蛋白質的合成結束。換言之，一開始提到的列 -A-T-G-C-C-C-G-A-A-T-G-A，意思就是甲硫胺酸 - 脯胺酸 - 麩醯胺酸的胺基酸排列，而且會轉換為蛋白質。

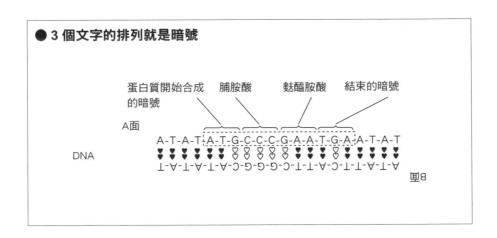

● 3 個文字的排列就是暗號

scene 2.4 基因在哪裡？

　　我想，透過前面的解說，各位已經知道基因為何被稱為蛋白質的設計資訊。那麼，蛋白質在體內又是如何被製造出來的呢？

　　基因被保存於細胞裡的核 *，一個類似"圖書館"的地方。屬於錄音部分的設計資訊（基因）雖然高達好幾萬種，但是並不是所有的資訊都會被利用。例如眼睛的細胞，就不會讀取合成肌肉和肝臟的蛋白質的設計資訊。當某個細胞為了合成所需的蛋白質，首先它必須前往圖書館（核），把需要的設計資訊（基因）影印（轉錄）下來，再把影本（略稱為 mRNA 的條狀分子）從圖書館（核）帶到外面。接著以轉錄的資訊為藍本合成蛋白質（轉譯）。以上的過程稱為基因表現。

---

*　前面已經提過人體約由60兆個細胞所組成。基本上，每個細胞都有細胞核。

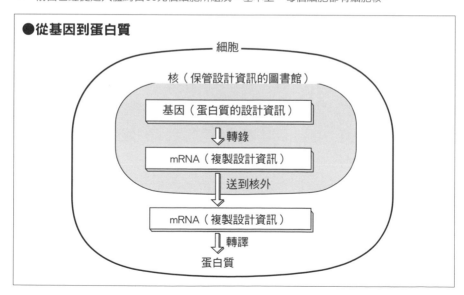

●從基因到蛋白質

scene 2.5 被顛覆的基因神話

　　我想透過目前為止的解說，大家已經明白「基因是為了合成蛋白質的設計圖」。接下來，我想和大家一起思考我們的生命現象與基因的關係。

　　前面已經提過，我們的身體約由 60 兆個細胞所組成（p.14）。包括皮膚、肝臟、肌肉等各個部位，所以每一種細胞的外型和功能也各不相同。追根究柢起來，每個細胞都是從 1 個受精卵分裂成 2 個、4 個……。1 個細胞分裂為 2 個細胞時，身為蛋白質設計圖的基因也會同樣增加為 2 倍（複製），好平均分配給即將分裂的細胞們。換言之，分裂成兩個的細胞擁有同樣的基因。若以這個事實進一步推論，從 1 個受精卵不斷以等比級數分裂而成的人體細胞，理應擁有相同的基因。即使形狀和功能各異，大家應該也不難想像，皮膚細胞和肝臟細胞擁有的基因是一樣的。總而言之，長久以來，大家一直相信「皮膚細胞和肝臟細胞的差異僅在於有些基因被讀取，有些沒有被讀取而已……」。

　　但是，目前已經證實這是以偏概全的說法。如同前述，B 細胞製造抗體（B 細胞受體）時，是用剪貼基因，加以排列組合的方式以製造出新的基因。T 細胞在製造 T 細胞受體時也是如出一轍。總之，B 細胞和 T 細胞都是在遠離受精卵和肝臟細胞之處[*1]，以串起基因片段的方式製造出原本不存在於受精卵的全新基因。因此，「從雙親遺傳的基因無論在哪個細胞都不會改變」的基因神話已經被徹底顛覆了。

最新誕生的基因神話

不過，有關基因的最新神話目前仍持續發展。包括「只要掌握所有的基因和 DNA，也就是基因組，就可以了解生命」「一個人的個性、行動，甚至連未來會罹患的疾病都取決於基因」。

我們大多數的生命現象確實透過蛋白質所維持，所以對蛋白質的設計圖——基因掌握得愈清楚，想必一定能解開幾個有關生命現象的謎團。不過，請大家回想一下，"照理說"基因完全一模一樣的同卵雙胞胎，卻也可能各自擁有截然不同的個性，或者罹患不同的疾病。而且，即使是同卵雙胞胎，抗體的基因和 T 細胞受體基因的製造方法也完全不一樣。

原因在於，基因的組合完全由偶然[*2]決定，完全不可預期是哪個 V 基因會遇上哪個 D 基因和 J 基因。因此，別說是「生物由基因主宰」了，生物本身就可以製造出新的基因，生產各式各樣的受體分子。而且，雖說會製造出哪一種新型受體的基因大多出於隨機，但把這份"偶然"放在第一位，也正是凸顯出生物無可取代性的秘密之一。關於這點，我會在終幕說明。

＊1 以前認為基因在基因組中都有固定的位置，不會移動。
＊2 另外，製造抗體基因時，當V基因串聯D基因和J基因時，還會附加新的小分子（核苷酸），可以製造出種類以億為單位的抗體分子。這時，會加入哪些新的小分子，也完全出於"偶然"。

●●●●●●●●●●● 第 2 幕的總整理

● B 細胞捕捉異物所使用的天線偵測分子（B 細胞受體：抗體）有無數種類。原因在於天線偵測分子的設計圖（基因）是利用剪貼的方式而成（基因重組）。

●抗體由 2 條 H 鏈和 2 條 L 鏈的蛋白質所構成。

● H 鏈的基因，分別隨機從多數的 V 基因片段、D 基因片段、J 基因片段中各挑出一個排列組合。

●光是 H 鏈的 V 基因片段 -D 基因片段 -J 基因片段的組合，就能製造出數萬種的基因。若把 H 鏈和 L 鏈加以組合，可產生一千萬種以上的變化。

● T 細胞受體也利用同樣的原理產生多樣性。

●可以製造出原本不存在於受精卵的新基因

●以往相信的是，我們人體的 60 兆個細胞，即使形狀和功能各異，都擁有同樣的基因。

●但是，正如 B 細胞和 T 細胞決定抗體構造的基因一例所示，它們也能夠製造出原本受精卵沒有的新基因。憑著這一點，已完全顛覆了「從雙親遺傳的基因不會改變」的神話。

第 3 幕

為什麼麻疹
不會得到第二次？

免疫也有記憶力

　　我們在第 2 幕，已經看到 B 細胞和 T 細胞，能夠製造種類無數的受體分子，以對付種類無數的異物。在第 3 幕，我們除了會看到受體分子的工作情況，也看看負責免疫的細胞，實際攻擊異物的情形吧。另外，雖然它們（尤其是 B 細胞）只要與對方（異物）交戰過一次，就能記住對方，不過這種記憶現象，其實就是早在紀元前就已知的「不會二次復發」的本質。此外，運用此「不會二次復發現象」所開發的疫苗療法，到底是什麼樣的治療法呢？

scene 3.1 淋巴球的偵測工作

　　首先來看看淋巴球，也就是 B 細胞和 T 細胞的偵測工作。在此，我們把焦點放在 B 細胞。

　　當異物入侵我們的身體時，B 細胞會憑藉偵測天線（B 細胞受體、抗體）將之捕捉 *、吞食。雖然一講到吞食，之前只提到巨噬細胞，不過 B 細胞也有吞噬異物的能力。

　　B 細胞會把咬碎的異物（抗原片段）展示給輔助 T 細胞（抗原呈現）。輔助 T 細胞也有偵測天線（T 細胞受體），當它的天線捕捉到 B 細胞向它展示的抗原片段，就會變得很亢奮。接著輔助 T 細胞會釋出細胞激素以刺激 B 細胞。此舉促成 B 細胞分裂、增殖，同時把抗體改變為投擲武器，進行發射。講到這裡，都是前兩幕的複習。

＊　B細胞當中，也只有天線形狀和異物（抗原）的形狀宛如鑰匙和鑰匙孔般契合的B細胞才能捕捉異物。

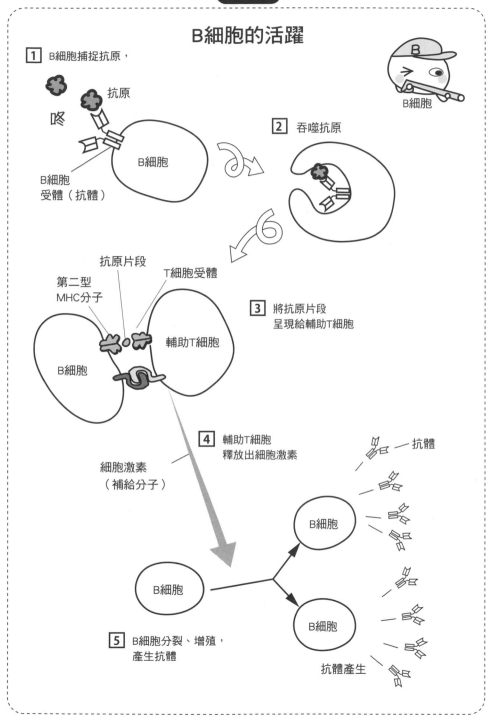

B細胞的活躍

免疫劇場

1 B細胞捕捉抗原，

咚 抗原

B細胞

B細胞
受體（抗體）

B細胞

2 吞噬抗原

抗原片段

第二型
MHC分子

T細胞受體

B細胞

輔助T細胞

3 將抗原片段
呈現給輔助T細胞

細胞激素
（補給分子）

4 輔助T細胞
釋放出細胞激素

抗體

B細胞

B細胞

B細胞

5 B細胞分裂、增殖，
產生抗體

抗體產生

scene 3.2 抗體摧毀抗原的 3 個方法

隱藏有毒性的部分（中和）

接下來要進入全新的話題。被當作武器發射的抗體，到底如何殲滅抗原呢？

抗體的第一個武器是能夠針對特定的抗原，產生特異性結合。而且抗體一旦牢牢捉住抗原，會幫忙把抗原的毒性部分掩蓋起來。這個動作稱為中和抗體。

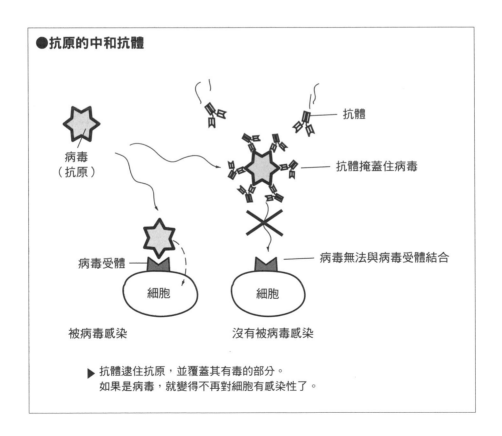

●抗原的中和抗體

抗體

抗體掩蓋住病毒

病毒（抗原）

病毒無法與病毒受體結合

病毒受體

細胞

細胞

被病毒感染

沒有被病毒感染

▶ 抗體逮住抗原，並覆蓋其有毒的部分。
如果是病毒，就變得不再對細胞有感染性了。

調理作用（Opsonization）

　　第二個方法是抗體與抗原結合，以喚醒巨噬細胞。對巨噬細胞而言，和單獨存在的抗原相比，與抗體結合的抗原比較容易吞噬。這個作用稱為調理作用。Opsonization 的原意是「把奶油抹開」，也就是讓味道變得更好的意思。

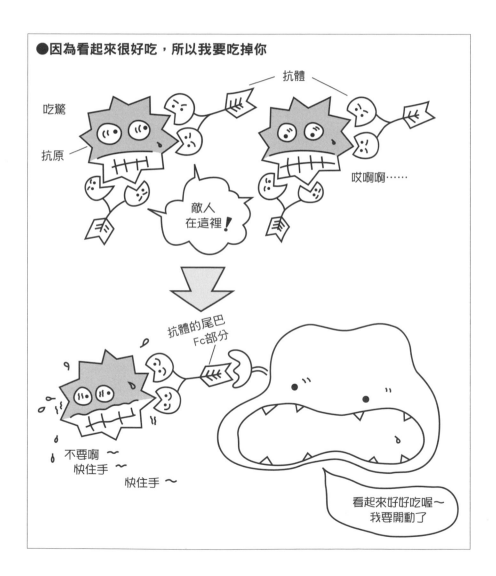

名為補體的援軍部隊

抗體捕捉抗原後會引發的第 3 件事是喚醒存在血液中、名為補體的蛋白質群。所謂的補體，就是輔佐抗體發揮功能的蛋白質們。從名字給人的聯想，或許很難想像它們所扮演的重要角色，但事實上，這群蛋白質可是殲滅抗原的終極實戰部隊。

●補體第一成分（C1）是先發部隊

抗體一逮到抗原後，首先會喚醒補體第一成分（C1。所謂的 C 是 "Complement" 的開頭字母，意思是補體）。接著 C1 會喚醒它下面的第 4 成分（C4）；蓄勢待發的 C4 會接著喚醒第 2 成分（C2）……，逐漸產生骨牌效應。

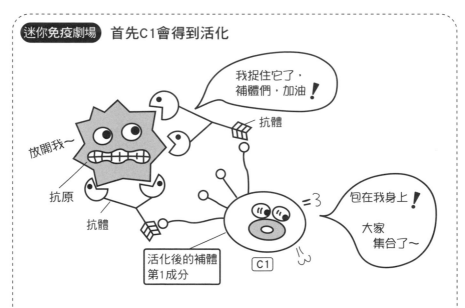

迷你免疫劇場 首先C1會得到活化

抗體與抗原結合後，有如章魚精的蛋白質（補體第1成分；C1）就會被活化。
補體的第1成分（C1）一旦活化，接著就會引發骨牌效應，依照第4成分（C4）→第2成分（C2）→第3成分（C3）→第5成分（C5）→第6成分（C6）→……→第9成分（C9）的順序被活化。

●骨牌效應會帶來什麼樣的結果？

不久之後，補體的第 3 成分（C3）會分解為 C3a 和 C3b。補體的第 5 成分（C5）也會分解為 C5a 和 C5b。另外，就像對巨噬細胞而言，被抗體經過調理化後的抗原比較容易吞噬一樣，C3b 在抗原裡經過調理化後，巨噬細胞也比較容易吞食（記憶法：調味的哇沙比、哇 3b）。此外，C3a 和 C5a 也會扮演傳令者的角色，召喚發炎性白血球。最後，等到能夠在抗原鑽孔的裝置（C9 複合體）完成，骨牌效應也宣告結束。這麼一來，抗體就能夠消滅抗原了。

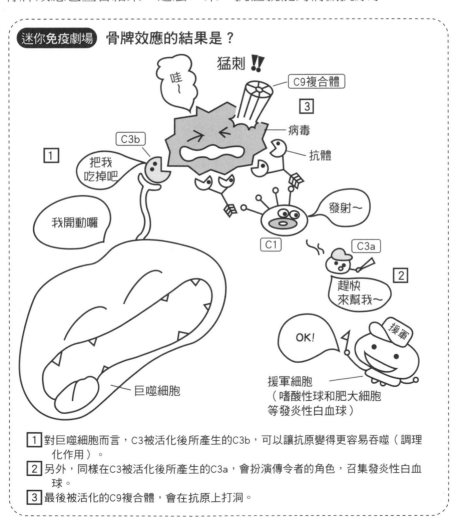

迷你**免疫**劇場 骨牌效應的結果是？

1 對巨噬細胞而言，C3被活化後所產生的C3b，可以讓抗原變得更容易吞噬（調理化作用）。

2 另外，同樣在C3被活化後所產生的C3a，會扮演傳令者的角色，召集發炎性白血球。

3 最後被活化的C9複合體，會在抗原上打洞。

scene 3.3 只要是交戰過一次的對象就不會忘記

　　我們在前面已經看過 B 細胞受體（抗體）的作用與其攻擊異物的機制，值得一提的是，負責免疫的細胞們，能夠牢牢記住僅交戰過一次的對象。這種「記憶」現象，正是只要得過一次麻疹，就不會得到第二次的現象本質。接下來說明此記憶現象的運作機制。

　　異物入侵人體後，首先由 B 細胞將之捕捉，再把弄碎的片段交給輔助 T 細胞。等到輔助 T 細胞得到細胞激素，B 細胞便會開始分裂、增殖，把抗體改變為發射武器，進行攻擊。不斷增殖的 B 細胞，有一部分會成為免疫記憶細胞，潛藏於淋巴結之中。直到相同的抗原再次出現，這些伺機而動的免疫記憶細胞便會快速發射出大量抗體以消除抗原。只要得過麻疹，大多不會再得第 2 次的原理其實很簡單，因為造成麻疹的病毒（麻疹病毒）再次入侵體內時，免疫記憶細胞能夠迅速發動，將之消滅。

　　不過，在各種病原微生物中，也有一些會不斷改變 "外衣"，以蒙蔽免疫記憶細胞的種類，包括流感病毒、愛滋病毒等。因為負責免疫的細胞，把已經 "變裝" 的病毒視為第一次接觸的病毒，導致錯過了將之迅速排除的機會。這就是為什麼流感會一得再得的原因。

免疫記憶細胞的誕生

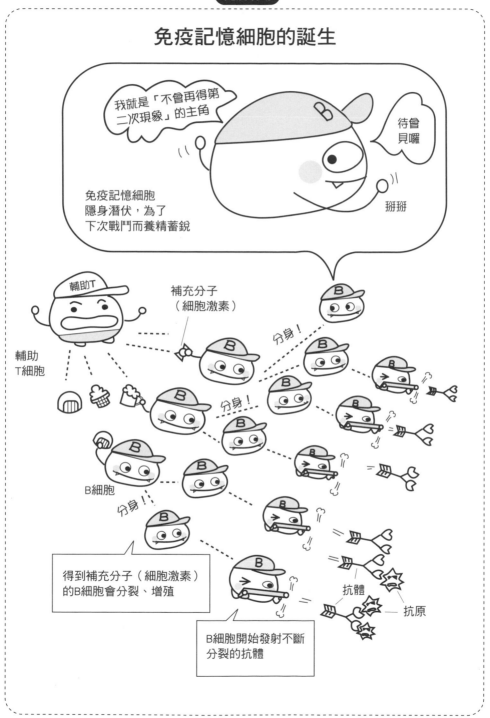

scene 3.4 疫苗是什麼？

疫苗是利用不會再次感染現象的原理所開法的療法，可以達到預防傳染病的功效。

毒性減到極弱的病原微生物一進入體內（此行為稱為接種）後，它會被 B 細胞捕捉，另外有部分 B 細胞，會被當作免疫記憶細胞留下來。如此一來，當病原微生物入侵體內時，免疫記憶細胞們便能迅速反應，將之消滅。所謂的疫苗療法，便是利用免疫的記憶性所開發的預防方法。

舉例而言，請問大家在小學或中學的時候，是不是曾接受過結核菌素測試呢？測試的方法是接受注射後，觀察 2 天左右，注射處的皮膚有無腫起。有些人的皮膚會出現直徑約 3cm 的腫包，也有些人的皮膚完全沒有任何變化。這個測試的目的是從反應調查是否曾被結核菌感染的病史。

如果測試的結果是陰性，就會接種 BCG。BCG 是將牛型結核菌的毒性降到極低而成的疫苗。接種此疫苗的用意在於讓身體的免疫細胞記憶牛型結核菌。這樣等到結核菌真的入侵體內時，就能夠迅速排除了。

流感也已開發出疫苗。不過，如同前述，流感病毒外衣的蛋白質會不斷變換模樣，除非疫苗符合其外衣的蛋白質，否則即使注射了也無效。

有關疫苗療法的歷史，請參照 p.3。

疫苗的原理

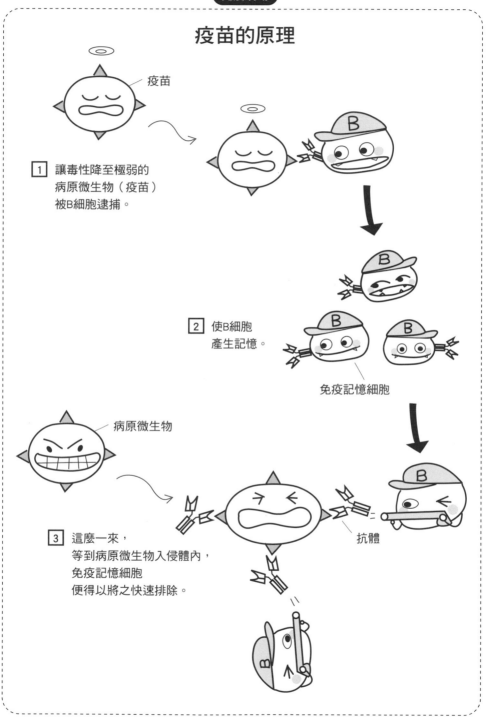

疫苗

1 讓毒性降至極弱的
病原微生物（疫苗）
被B細胞逮捕。

2 使B細胞
產生記憶。

免疫記憶細胞

病原微生物

3 這麼一來，
等到病原微生物入侵體內，
免疫記憶細胞
便得以將之快速排除。

抗體

●●●●●●●●● 第 3 幕的總整理

●在 B 細胞能夠發射抗體之前，必須先經過 B 細胞對抗原的辨識、抗原呈現→活化輔助 T 細胞→ B 細胞增殖、產生抗體這一連串的過程。

●抗體對抗原的作用，包括中和、調理化、補體的活性化。

【抗體與抗原結合時所產生的反應】

●掩蓋會成為毒素的部分（中和抗體）

●對巨噬細胞而言，變得容易吞噬（調理化）

●活化輔佐抗體發揮功能的蛋白質們（補體）

【補體蛋白質們的功能】

●調理化：C3b

●召集嗜酸性白血球等發炎性白血球： C3a、C5a

●在抗原上開洞：C9 複合體

●部分的 B 細胞被當作免疫記憶細胞留下來

●從輔助 T 細胞得到輔助分子（細胞激素）後，B 細胞開始不會增殖。其中一部分的細胞會成為免疫記憶細胞，潛藏於淋巴結之中。

●等到同樣的抗原再次出現時，免疫記憶細胞便可迅速地發射大量的抗體，排除抗原，此現象稱為免疫學的記憶。

●讓毒性降至極弱的病原微生物注射入體內，讓 B 細胞事先捕捉、記憶下來，是疫苗療法的原理。換言之，等到病原微生物真正入侵體內時，免疫記憶細胞們便能夠迅速反應，將之消滅。

免疫反應的總整理圖

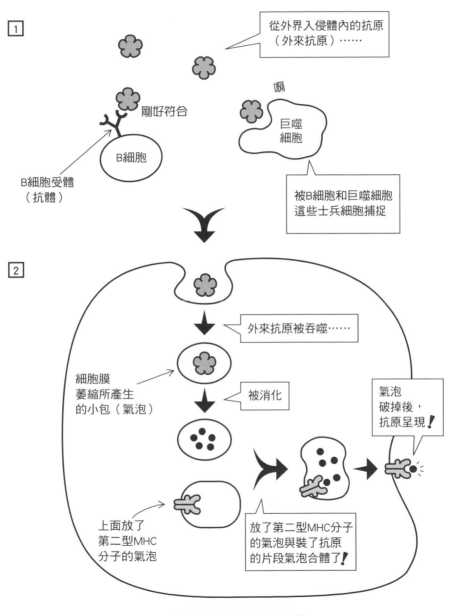

1

從外界入侵體內的抗原
（外來抗原）……

啊

巨噬
細胞

剛好符合

B細胞

B細胞受體
（抗體）

被B細胞和巨噬細胞
這些士兵細胞捕捉

2

外來抗原被吞噬……

細胞膜
萎縮所產生
的小包（氣泡）

被消化

氣泡
破掉後，
抗原呈現！

上面放了
第二型MHC
分子的氣泡

放了第二型MHC分子
的氣泡與裝了抗原
的片段氣泡合體了！

B細胞或巨噬細胞中的擴大圖

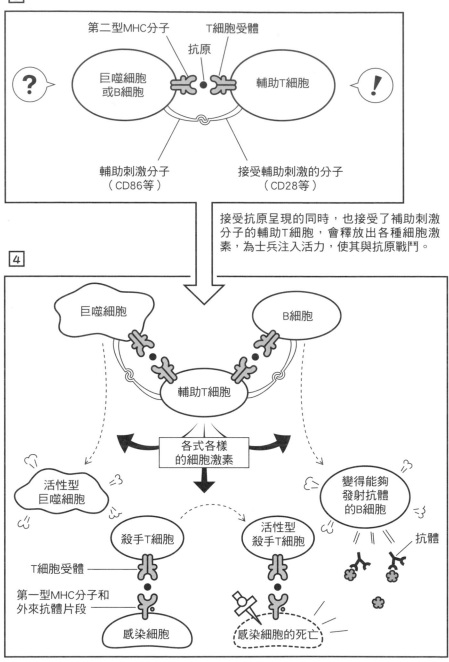

3

第二型MHC分子　T細胞受體

抗原

？　巨噬細胞
或B細胞　　　　　輔助T細胞　！

輔助刺激分子　　　接受輔助刺激的分子
（CD86等）　　　　（CD28等）

接受抗原呈現的同時，也接受了補助刺激
分子的輔助T細胞，會釋放出各種細胞激
素，為士兵注入活力，使其與抗原戰鬥。

4

巨噬細胞　　　　　B細胞

輔助T細胞

各式各樣
的細胞激素

活性型
巨噬細胞

殺手T細胞　　　活性型
殺手T細胞　　變得能夠
發射抗體
的B細胞

抗體

T細胞受體

第一型MHC分子和
外來抗體片段

感染細胞　　　　感染細胞的死亡

第 4 幕

免疫為什麼不會
攻擊自己？上半篇

負責教育「我」的恐怖胸腺學校

　　原則上，免疫反應對「我的身體（自己抗原）」不會起反應。這是因為負責免疫的細胞從出生到成長為止，會進行篩選，淘汰對自己抗原會產生反應的細胞。換言之，體內的胸腺相當於 T 細胞的教育場所；在這裡，只要是有可能會與自己抗原起反應的 T 細胞，都會被視為危險分子，毫不留情地遭到滅口。此外，有可能會與自己抗原反應的 B 細胞，則是在胸腺以外的其他地方，被消滅至某一個程度，而負責處刑的劊子手正是 T 細胞們。接著，就讓我們一起推開這所恐怖胸腺學校的大門吧。

scene 4.1 負責免疫細胞的生平背景

　　輔助 T 細胞和殺手 T 細胞是免疫反應的兩大要角。不知道大家是否好奇，他們是如何產生，又如何培育成長的呢？

　　T 細胞、B 細胞和巨噬細胞皆出於同源，一樣源自同一種造血幹細胞。換言之，由同一種造血幹細胞不斷呈 2 倍分裂、增殖的細胞們，之後會長為 T 細胞、B 細胞和巨噬細胞。

　　造血幹細胞的所在位置，如同「骨髓」兩字的意思，正位於「骨之髓（內部）」；造血幹細胞分裂所形成的未成熟淋巴球，會在血液中流動，最後抵達位於心臟前方的胸腺，成為「未成熟 T 細胞」。待在胸腺這個宛如密室的臟器中，未成熟 T 細胞會成長為能夠獨當一面的成熟 T 細胞，有能力分辨「自己」和「非己」。

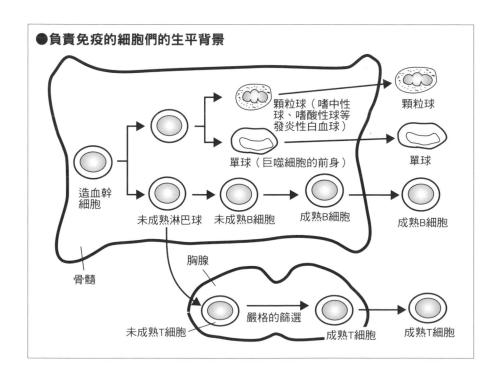

●負責免疫的細胞們的生平背景

scene 4.2 教育「我」的恐怖胸腺學校

接著一起來看看負責教導未成熟的 T 細胞，讓它們知道何謂「自己」的胸腺學校，到底都上些什麼課吧。

恐怖的測驗

胸腺學校有樹狀細胞和看護細胞（胸腺上皮細胞）。看護細胞乍聽之下是個很溫柔的名字，其實它是個讓人聞之喪膽的可怕老師。這位老師會把自己抗原的片段放在 MHC 分子上，強迫出生還沒多久的未成熟 T 細胞們參加測驗。換言之，也就是測試它們是否會對自己抗原起反應。

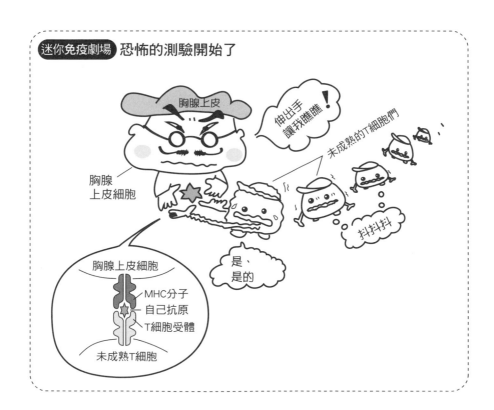

迷你免疫劇場 恐怖的測驗開始了

誰不合格？

　　測試後，產生強烈反應（對自己抗原明顯反應）的未成熟 T 細胞，會被印上不合格的烙印，毫不留情地被消滅。

　　不單如此，在測試中毫無反應的未成熟 T 細胞，也會被視為「毫無用處」，一樣慘遭滅口。事實上，超過 97% 的未成熟 T 細胞都是在 "壯志未酬" 的情況下，先在胸腺學校喪命了。這種依細胞之間的相互作用所發動的細胞死亡，稱為細胞程序性死亡，又名細胞凋亡 *；總之，對自己會產生反應的未成熟 T 細胞會經過細胞凋亡的程序選擇性被清除。

---

*　細胞凋亡（Apoptosis）：相較於因毒物或缺氧造成的物理性或化學性傷害而導致死亡的壞死（Necrosis），細胞凋零屬於來自細胞外的各式信號所造成的細胞死亡。

▶對「自己」的成分產生強烈反應的未成熟T細胞會被胸腺盯上

毫不留情的殺無赦!!!

▶ 對「自己」的成分產生強烈反應的未成熟T細胞，不久就會被消滅。

scene 4.3 百中選一的 細胞們啟程了

　　和其他國家的教育制度相比，日本的大多數學校稱得上是只要能夠入學，多半能夠順利畢業。不過，正如前面所述，能夠從胸腺學校安然畢業的學生（未成熟 T 細胞）僅有 3%。換言之，這群寥寥無幾的畢業生，正是通過嚴格篩選，確定每一個都會對「非己」產生反應的菁英細胞。它們會被烙下 CD4* 和 CD8 等記號，各自被賦予輔助（把 CD4 帶到細胞表面）或殺手（把 CD8 帶到細胞表面）的任務。等到任務確定，它們就即將在免疫的世界裡，展開一段充滿試煉的旅程。

＊　CD：所謂的CD是cluster of differentiation的縮寫，並沒有特別複雜的意義。CD是細胞表面的蛋白質，CD的號碼像是細胞的標記，可以辨別出種類和功能。不過，1個細胞並非只有1個CD，每個細胞的表面都有好幾個CD。
　　最有名的分子是CD4。愛滋病毒會和輔助T細胞的標記CD4結合，侵襲人體的細胞。

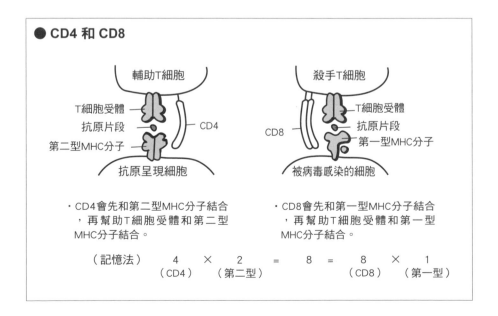

● CD4 和 CD8

輔助T細胞　　　　　　　　殺手T細胞

T細胞受體　　　　　　　　　　　　　T細胞受體
抗原片段　　　　　　CD4　　　CD8　　抗原片段
第二型MHC分子　　　　　　　　　　第一型MHC分子

抗原呈現細胞　　　　　　　被病毒感染的細胞

・CD4會先和第二型MHC分子結合，再幫助T細胞受體和第二型MHC分子結合。

・CD8會先和第一型MHC分子結合，再幫助T細胞受體和第一型MHC分子結合。

（記憶法）　　4　×　2　＝　8　＝　8　×　1
　　　　（CD4）（第二型）　　　（CD8）（第一型）

聊天室

為什麼營養失調會造成免疫力下降？

　　舉個例子好了，相信很多人都有過這樣的經驗吧？感冒的時候，明明沒有食慾，身邊的人還是不斷苦勸「飯還是得好好吃才行，否則會沒有體力對抗感冒病魔」。從這句話不難發現，每個人憑直覺都知道營養不足會導致免疫力下降。追根究柢起來，抗體和補體系統都是由蛋白質所組成，但材料──胺基酸不足的話，自然無法製造出抗體和補體系統。除此之外，鋅和維生素也是細胞增殖的必要物質，但缺乏上述兩者時，T 細胞和 B 細胞便無法在必要的時候增加。所以營養不足會導致免疫力下降的說法，有部分出於這個原因。

　　如果營養過少會造成免疫力下降，那麼由免疫力過剩所引起的過敏和自體免疫性疾病，是否能夠藉由低營養得到改善呢？我並不認為這個方法可行。如果憑藉這麼簡單的方法就能治療過敏和自體免疫性疾病，不知有多少患者早已痊癒，況且不用我說大家也知道，營養不足所造成的各種負面影響，對身體的危害更大。免疫力會隨著年齡的增長下降，是眾所皆知的事，而且據說連營養不足都是免疫力下降的原因之一。由此可見，為了儘量預防免疫力下降，平日的營養均衡攝取是非常重要的。

　　順帶一提，最近過敏的問題不斷增加，但是很多人可能不知道，營養失調也是導致過敏的原因之一。對免疫營養學的研究而言，這也會成為日後備受期待的新興領域吧。

第 5 幕

免疫為什麼不會
攻擊自己？下半篇

何謂自身耐受？

　　在 1990 年代，如果有人問「免疫為什麼不會攻擊自己？」，最不容質疑的標準答案應該是「因為會對『己』產生反應的 T 細胞和 B 細胞，在成熟之前已經被消滅了」。

　　但是，即使胸腺學校的篩選再嚴格，難免還是會有些把己當作抗原，對它產生反應的 T 細胞，悄悄從後門潛逃了。不過，撇開這些漏網之魚，免疫細胞對「己」反應的機率可說微乎其微。面對含有免疫反應的成分，卻"故意"不產生反應的現象稱為自身耐受，意思是免疫系統對自己的成分不產生免疫反應。接下來一起看看實際的運作吧。

scene 5.1　自體免疫的暴風到底是如何颳起的？

可能會對自己的成分產生反應的 T 細胞和 B 細胞，大多數在未成熟時，理應已經被消滅了。不過，據說 B 細胞的淘汰方式比較寬鬆。即使 T 細胞必須通過胸腺學校的嚴格測試才能活命，但還是有些傢伙有辦法在測試中作弊，從後門蒙混進來。之後，這些傢伙會和自體反應性 T 細胞和自體反應性 B 細胞勾結，串通一氣。相互刺激之下，便會颳起對自己成分產生反應的「自體免疫暴風」。

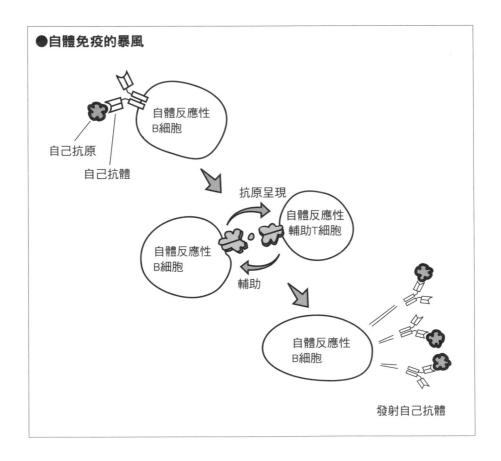

●自體免疫的暴風

自體反應性
B細胞

自己抗原

自己抗體

抗原呈現

自體反應性
輔助T細胞

自體反應性
B細胞

輔助

自體反應性
B細胞

發射自己抗體

自體免疫的暴風（劇場版）

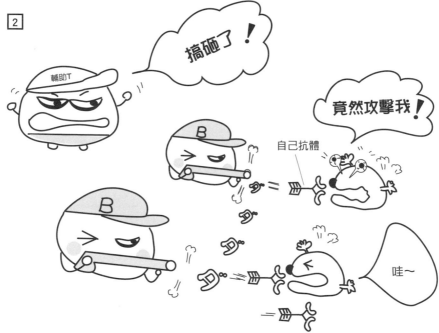

1　自體免疫性B細胞捕獲自己抗原後會把它弄碎，
　　再把片段呈現給自體反應性輔助T細胞。

2　亢奮的自體反應性輔助T細胞會刺激
　　自體反應性B細胞，使其發射自己抗體。

scene 5.2　防止自體免疫暴風的 3 大策略

　　「自己攻擊自己的反應」要是頻頻發生，或者持續很長一段時間也不停止，會是很可怕的事。所以我們的身體，為了防止自體免疫的發生，至少準備了 3 項防禦手段，嚴陣以待。

讓它使性子

　　在巨噬細胞和 B 細胞捕捉抗原片段，並將之呈現給輔助 T 細胞後，輔助 T 細胞會變得亢奮，但是光靠抗原片段的刺激，並無法造成這樣的效果。在自我介紹的時候已經提過為了活化輔助 T 細胞，還需要友善的握手，或者類似親吻的輔助刺激（p.28）。

　　例如位於抗原呈現細胞表面的 CD86，就是可以發揮輔助刺激的分子。CD 相當於標記在細胞表面的蛋白質。輔助 T 細胞在以 T 細胞受體捕捉抗原呈現細胞所提呈的抗原時，同時也必須以 CD28 分子和 CD86 相互作用，才能夠得到活化（聽到人家說哈囉，用你好回答）。如果缺少這股刺激，別說活化輔助 T 細胞了，說不定它還會耍性子，連做出反應都不肯了。這種情況稱為 T 細胞失效（Anergy）。

　　另外，當異物（非己抗原）入侵體內時，抗原呈現細胞在把抗原片段提呈給輔助 T 細胞的同時，也會給予輔助刺激。但是，向自己產生反應，提呈自體抗原的細胞，不會向輔助 T 細胞給予輔助刺激。如此一來，得不到輔助刺激的自體反應性輔助 T 細胞，一怒之下會不再反應。所以，預防自體免疫颳起暴風的方法之一是讓想辦法惹火自體反應性輔助 T 細胞。

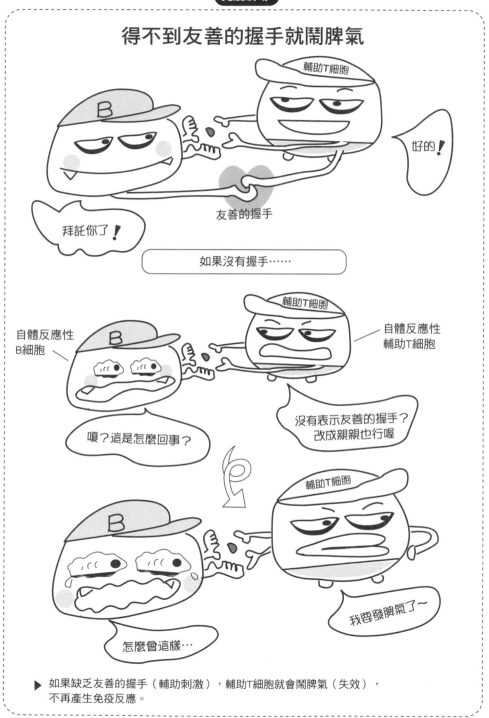

得不到友善的握手就鬧脾氣

搶「親親」

　　如果得不到親吻或握手之類的輔助刺激，自體反應性 T 細胞即使收到自己抗原的提呈，也會因為鬧脾氣而罷工，不再產生反應（失效）。但是，萬一自體反應性 T 細胞得到輔助刺激而活化呢？別擔心，免疫系統自有錦囊妙計，而且是令人拍案叫絕的兩大高招。

　　不僅限於自體反應性 T 細胞，輔助 T 細胞們為了避免自己變得亢奮而工作過度，可以由自己踩煞車，以免衝過頭。舉例而言，假設抗原呈現細胞在提呈抗原的同時，也藉由 CD86 的親吻向輔助 T 細胞提供刺激。這麼一來，輔助 T 細胞上的 CD28 分子因為接收了 CD86 而變得亢奮（說哈囉得到了你好的回應），但是過了一段時間之後，輔助 T 細胞的表面會出現分子 CTLA-4。CTLA-4 出現後，會從 CD28 奪走親吻（CD86），向輔助 T 細胞傳達負面信號「停止亢奮」。於是，一開始顯得很亢奮的輔助 T 細胞，只要過了一段時間，就能夠停止反應。

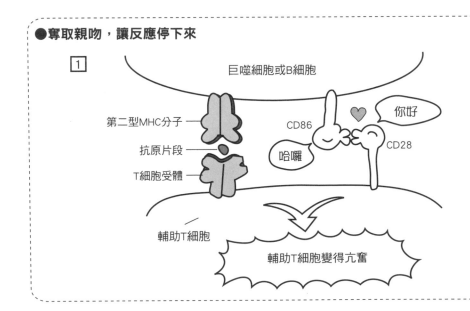

●奪取親吻，讓反應停下來

1

巨噬細胞或B細胞

第二型MHC分子

抗原片段

T細胞受體

CD86

你好

CD28

哈囉

輔助T細胞

輔助T細胞變得亢奮

2 時間久了，CTLA-4會出現在細胞表面

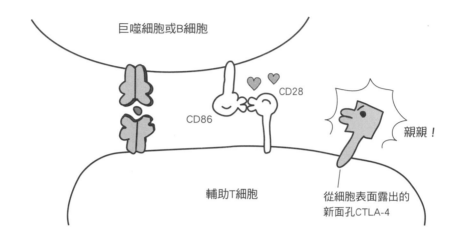

3 CTLA-4從CD28搶奪CD86

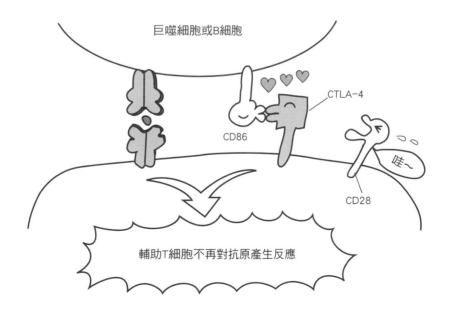

抑制輔助 T 細胞

　　前面已經提過，變得亢奮的輔助 T 細胞，最後可以靠自己恢復平靜。可是，有些沒辦法靠自己平靜下來的細胞該怎麼辦呢？唯一的辦法就是借助其他細胞之手，恢復平靜。

　　請其他細胞代勞，就是本頁要介紹的第 3 個方法。幫手是調節T 細胞／抑制 T 細胞。調節 T 細胞／抑制 T 細胞並非單一細胞，目前已知的種類有好幾種。其中的某一種，會釋放出介白素 10 和 TGF-β* 這兩種細胞激素，可以抑制亢奮的輔助 T 細胞（抑制）。

---

*　TGF-β：TGF-β是細胞激素（參照 p.22）的一種，以抑制T細胞的功能聞名。另外還有介白素10（IL-10），也可以抑制T細胞的作用。

　　所謂的TGF-β是轉化生長因子（transforming growth factor）-β的簡稱，此分子當初被發現的時候，被視為會促進惡性腫瘤發生（轉化；transformation）的促進因子而備受注目，因得此名。但是，細胞激素可以發揮各種功能，只記得其中一種，並沒有太大的意義。

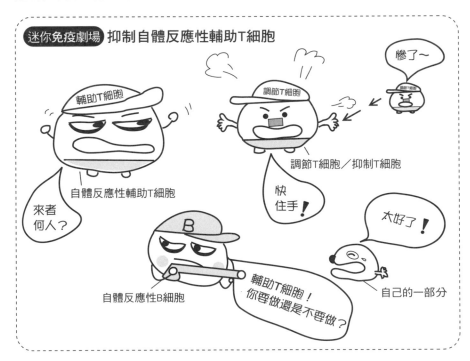

scene 5.3 何謂免疫耐受？

　　從前面一路看過來，我們已經知道，可能會對自己產生反應的輔助 T 細胞會在胸腺學校慘遭淘汰；即使有漏網之魚，免疫系統也會想辦法讓它鬧脾氣，導致功能失效，或者抑制它的作用。總之，為了避免自體免疫引起的狂風暴雨，免疫系統真的無所不用其極。「自己」也得以從細胞們之間上演的驚心動魄的攻防戰，維持正常的運作。對某種成分不產生免疫反應的現象稱為免疫耐受，也就是對「自己」的成分所表現的「無應答」狀態，不會產生排除反應。雖然「耐受」聽起來似乎很消極，其實它屬於一種積極的行動。

免疫耐受？
不要講得那麼
困難複雜啦

scene 5.4　明明不是自己的成分，卻刻意對它寬宏大量？—懷孕是一齣浩大的長篇劇

　　我們在前面已經看到為了避免對「自己」的成分產生免疫反應，免疫系統祭出了第 2 道、第 3 道的防禦手段。另外，免疫反應對某種成分"刻意"不產生反應的現象，稱為免疫耐受。以往認為免疫對「自己」不產生反應，對「非己」會產生反應。但是，即使面對「非己」，有時候免疫反應卻"刻意"不產生反應。說得更直接一點，我們正是拜這點所賜，才能夠在母親懷胎十月時安然無恙，順利降臨人世。

　　追根究柢起來，雖然出現在胎兒細胞表面的第一型 MHC 分子（p.14）有一半是來自母親，但還有一半是來自父親。對母親而言，從父親而來的第一型 MHC 分子是「非己」，所以有可能會被母親的免疫細胞攻擊。為了避免這一點，胎兒細胞（尤其是位於胎盤，會接觸母親血液的絨毛上皮細胞）便把整個第一型 MHC 分子偷偷地藏起來，這樣就不會被母親的殺手 T 細胞追殺了。

　　不過對胎兒而言，前面還有難關要過。藏匿了第一型 MHC 分子的細胞，接下來會成為自然殺手細胞（NK 細胞）瞄準的對象（p.133）。自然殺手細胞屬於淋巴球之一，沿著血液到處循環，會攻擊沒有擁有第一型 MHC 分子的細胞。因此，把第一型 MHC 分子隱藏起來的細胞，自然成為被攻擊的對象。因此胎兒細胞讓 HLA-G 出現在表面，取代來自父母雙方的第一型 MHC 分子。相較於後者，HLA-G 屬於人類共通的第一型 MHC 分子。如此一來，就可以避開自然殺手細胞的攻擊。由這種「你來我往」的情況，不難看出細胞間的攻防。另外，胎兒細胞還會釋放出某些物質，阻礙母親的免疫細胞。在懷孕的過程中，免疫系統便是藉由一道又一道的屏障，以確保非己的胎兒不會遭受排除。不過，讓免疫反應願意採

胎兒細胞與母親細胞的攻防戰

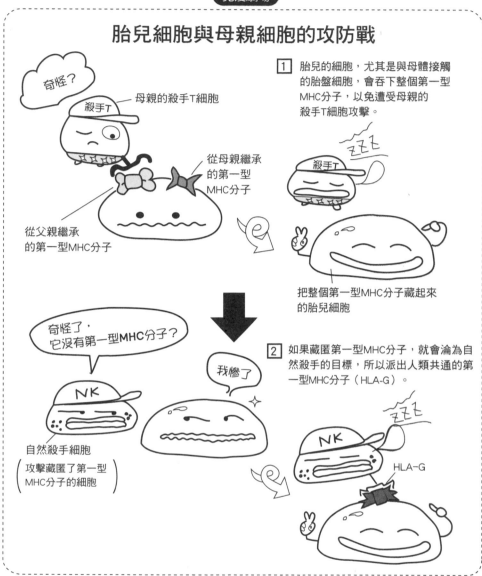

1 胎兒的細胞，尤其是與母體接觸的胎盤細胞，會吞下整個第一型MHC分子，以免遭受母親的殺手T細胞攻擊。

2 如果藏匿第一型MHC分子，就會淪為自然殺手的目標，所以派出人類共通的第一型MHC分子（HLA-G）。

取耐受「自己」或胎兒的積極行動，絕不表示「維持自己」和「維持懷孕狀態」對免疫系統而言都屬於理所當然的現象。我想，這樣的生命活動得以延續，只能用奇蹟來形容吧。

●●●●●●●●● 第 4 幕和第 5 幕的總整理

對自己的成分不會產生免疫反應的機制

對「自己」耐受的原理

●在成長的一開始，先除去對自己抗原會產生反應的未成熟 T 細胞、未成熟 B 細胞。 "deletion（除去）"

●讓自體反應性輔助 T 細胞罷工。 "anergy（失效）"

●妨礙自體反應性輔助 T 細胞。 "suppression（抑制）"

如果把以上的三大策略簡稱為「除去、失效、調節」，是不是就比較容易記住了呢？

（註）胸腺像是反映出自己的 "鏡子"

p59有提到「（胸腺學校的）老師會把自己抗原的片段放在MHC分子上，強迫出生還沒有多久的未成熟T細胞們參加測驗」，不過仔細想想，居然有胸腺這樣僅限於某種臟器才有的細胞，能夠呈現在其他臟器發現的特定蛋白質（例如在胰臟發現胰島素）片段，實在很不可思議。不過，其機制之一在2002年已經被闡明了（Science 2002;298:1395）。胸腺在組織學上被歸類為皮質和髓質，而且在髓質的上皮細胞內發現了AIRE（autoimmune regulator）。所謂的AIRE是一種蛋白質，可以發揮轉錄因子的功能，讓許多臟器特有的蛋白質基因呈現在胸腺髓質上皮細胞。AIRE的機能如果下降，胸腺髓質上皮細胞就無法順利呈現自己抗原。結果造成自己反應性T細胞不容易在胸腺被消滅，最後導致罕見的自體免疫疾病，也就是「自體免疫性多腺性內分泌不全症第1型（autoimmune polyendocrinopathy-candidiasis-ectodermal dystrophy syndrome type Ⅰ）」。

■後台休息室■

什麼是對自己寬宏大量？

聊天室

T細胞之間的悄悄話

自體反應性輔助T細胞

我不喜歡自己的妝，感覺好像壞人喔。

殺手T細胞

還好吧，沒那麼糟吧，我覺得很適合你啊。

自體反應性輔助T細胞

會嗎？別計較這麼多了，我對小時候的事情已經沒什麼印象了。聽說我們是看護細胞養大的？這個名字聽起來很好聽耶，不知道他們是不是很細心地照顧我們呢？

殺手T細胞

你們說的都不對，全世界再也找不到第二個那麼可怕的老師了，我有好幾個同伴都死在他手下。雖然我很幸運，能夠保住小命，但是那個時候真的嚇壞了。

自體反應性輔助T細胞

咦，原來是這樣啊⋯⋯

殺手T細胞

不要一副事不關己的態度，你的伙伴還不是有好幾個都被殺了⋯⋯。奇怪了！你該不是走後門進來的吧？

自體反應性輔助T細胞

嘿嘿嘿，可以這樣說啦。不過你放心，我的自制力很強，除非發生天大的事，否則我不會產生反應的⋯⋯

（雖然講是這麼講，遇到自體反應性T細胞失去自制力，突然抓狂的時候，還是需要調節T細胞／抑制T細胞出來鎮暴）

聊天室

吃下油漆就不會對油漆過敏？

　　大家有聽過這種說法嗎？說是只要吃下油漆，皮膚就不容易因為對油漆過敏而紅腫。至少在整天與油漆為伍的油漆師傅之間，幾乎人人都聽過這種說法。

　　不僅限於吃下肚的油漆，我們吃下去的各種食物，也會抵達腸道。對身體而言，食物的成分都是非己。而且據說食物成分所接觸的腸管表面積，從嘴巴到肛門，總計達 400 ㎡。這個數字是皮膚表面積的約 200 倍，也相當於兩個網球場的大小。但是，如果對每一種食物的成分都產生強烈的免疫反應，我們就沒有東西可以吃了。所以免疫系統會抑制反應，好讓位於腸部黏膜下方的 T 細胞刻意不攻擊食物的成分。

　　從口部進入體內的抗原不容易產生免疫反應的現象稱為口服免疫耐受。免疫系統不會對抗原進行攻擊。就像胎兒可以在母親的體內成長 10 個月，還有我們每天能夠順利進食，不會一吃東西就上吐下瀉，都是拜包含於生命現象的基盤，也就是免疫耐受所賜。有關免疫耐受的現象，目前正展開如火如荼的研究；我相信抑制過剩免疫反應的研究若要實際用於醫療用途，一定是指日可待。

第 2 部

疾病的
原理

細胞之間失衡所導致的現象

我們的身體由 60 兆個細胞所組成，就像一個細胞社會。從免疫反應的現象看來，細胞之間的互動關係也相當頻繁，除了司令官，也有各種實戰部隊細胞各司其職。不過，細胞間原有的平衡關係一旦崩壞，就會產生各式各樣的疾病。例如身為免疫反應司令官的輔助 T 細胞，如果力量變得衰弱，其他實戰細胞也會跟著無法工作。

愛滋病便是其中最典型的例子之一。在好幾種免疫細胞當中，愛滋病毒專門瞄準輔助 T 細胞進行獵殺；因為輔助 T 細胞相當於免疫反應的司令官，所以一旦陷入群龍無首的局面，整個免疫反應自然也無法運作了。

另外，在免疫反應中負責踩煞車的調節 T 細胞（或稱為抑制 T 細胞），如果出於某些原因而變得能力下降，免疫反應就會不斷地持續下去，永無終止。過敏和自體免疫疾病等許多疾病，都是因為免疫反應超出限度而引起。免疫反應要保持適度很重要，既不能太強，也不能太弱。

在第 2 部，我將為大家說明，「細胞之間的失衡」是如何導致各式各樣的疾病。

免疫的地圖集

我們在第 1 部已經看過「自己」和「非己」，但這只是生命現象的中樞之一。在第 2 部，我們將會看到它與眾多疾病的關係。免疫學的範圍極為廣大，堪稱生命科學和臨床醫學的重點領域。為了讓各位看清其全貌，我將以地圖集的方式介紹。

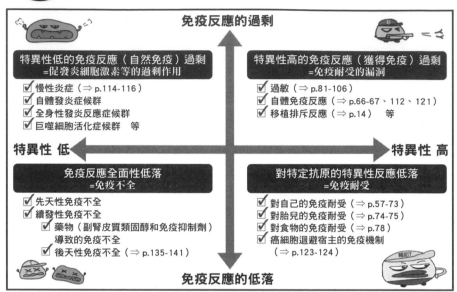

上圖的縱軸是表示免疫反應強弱的軸。縱軸的上方表示免疫反應的過剩，下方表示免疫反應的低落。

橫軸表示的是免疫反應特異性的高低。正如 p.11 已經說明，免疫反應對特定物質產生反應時，以「特異性高」來形容。相反的，當免疫反應對不特定多數的物質產生反應時，則以「特異性低」來形容。

這麼看的話，右上角的區塊就可以用來表示特異性高的免疫反應（獲得免疫）過剩。過敏（對原本無害的抗原所產生的特異性免疫的過剩反應）、自體免疫疾病（對自己抗原產生的特異性免疫的過剩反應）、移植排斥反應（對移植後的臟器產生特異性免疫的過剩反應）都被歸類於此。

相較於此，左上角的區塊代表的是特異性低的免疫反應（自然免疫）過剩。在促炎性細胞激素中最具代表性、因自然免疫相關分子的過剩作用所導致的慢性炎症被定位在此區。另外，對自己的身體產生非特異性炎症，因而危害自身的自體發炎症候群，在進入本世紀後愈來愈受到注目。在各種自然免疫過剩導致的自體免疫疾病當中，嚴重者甚至有致死可能的是全身性發炎反應症候群和巨噬細胞活化症候群。

另外，左下方的區塊表示免疫無法對各種物質產生反應的狀態，也就是所謂的免疫不全。其中最具代表性的就是後天性免疫不全症候群（愛滋病）。

最後是右下角的區塊，代表的是針對特定物質所表現的免疫反應低落狀態。這也就是已經在 p.73 說明的「免疫耐受」。

我花了 10 年以上的時間完成這張圖表。如果對各位的學習能發揮一些參考價值，我將感到無比的欣慰。

第 6 幕

有關過敏這件事

為什麼會產生花粉症和支氣管氣喘？

　　每年的花粉季一到，飽受花粉症之苦的人還真不少。對我們而言，本應無害的花粉，卻因免疫細胞的反應過度，導致了「打噴嚏‧流鼻水‧鼻塞」等各種惱人症狀。

　　對花粉或灰塵等原本應為無害的物質，產生過度的免疫反應，結果造成危害身體的病態稱為過敏。過敏的英文是 Allergy，是希臘文的 Allos（改變）和 Ergon（力量、反應）所合成的詞彙，意思是「原本用意是免除疫病的免疫反應，反而轉變成有害的反應」。接下來我便以花粉症和支氣管氣喘為例，帶領大家一窺這個機制的究竟。

scene 6.1 輔助 T 細胞 至少有兩種類型

1 型和 2 型

我們呼吸的空氣之中，漂浮著大量塵埃、蟎蟲和病毒等。假設塵埃和蟎蟲隨著呼吸入侵人體的肺部，因為對「我」而言，蟎蟲屬於異物，所以就會驚動巨噬細胞和 B 細胞，將之捕捉、消化（片段化），再把蟎蟲的片段提呈給輔助 T 細胞。不久之後，輔助 T 細胞會向巨噬細胞和 B 細胞釋出補助分子（細胞激素），給予刺激。一直到這一步，都和我們之前看到的免疫反應如出一轍，不過，擔任免疫司令官的輔助 T 細胞，就目前所知，最起碼有兩種。

第 1 種是能夠增加巨噬細胞和殺手 T 細胞的活力，讓 B 細胞發射 IgG 型抗體的第 1 型輔助 T 細胞（Th1）。另一種是讓 B 細胞釋出 IgE 型抗體的第 2 型輔助 T 細胞（Th2）。

IgG 和 IgE

所謂的 Ig 是抗體的別名，也是免疫球蛋白（immunoglobulin）的簡稱。正如我們一開始便看到的，抗體是一種 Y 字型的蛋白質，而且不與抗原結合的尾巴部分（Fc 部分），可依照形狀分為 IgG 型、IgA 型、IgM 型、IgD 型、IgE 型。其中的 IgE 型的抗體，就是引起支氣管氣喘和花粉症等 I 型過敏的類型。目前已知的類型有過敏 I 型～ IV 型，首先從與我們最息息相關，也就是包含花粉症的 I 型過敏看起吧。

●**抗體也會分班**

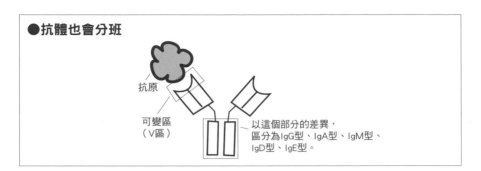

抗原

可變區
（V區）

以這個部分的差異，
區分為IgG型、IgA型、IgM型、
IgD型、IgE型。

迷你免疫劇場 Th1和Th2細胞

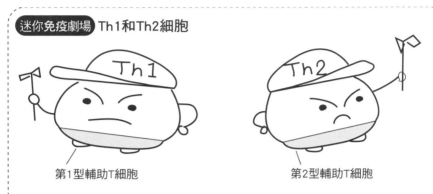

第1型輔助T細胞　　　　　　第2型輔助T細胞

▶ 身為免疫反應司令官的輔助T細胞有第1型和第2型。

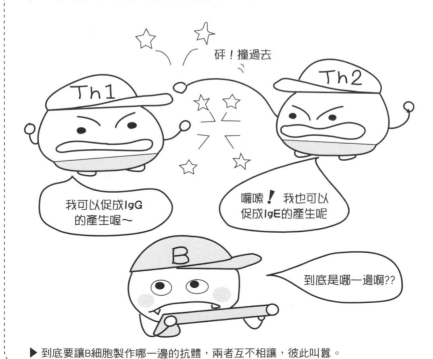

砰！撞過去

我可以促成IgG
的產生喔～

囉嗦！我也可以
促成IgE的產生呢

到底是哪一邊啊??

▶ 到底要讓B細胞製作哪一邊的抗體，兩者互不相讓，彼此叫囂。

scene 6.2 一旦 Th1 和 Th2 失衡……

　　針對這兩種輔助 T 細胞，我將進行更詳盡的說明。Th1 和 Th2 各自會釋放不同的細胞激素*，促使 B 細胞發射種類不同的抗體。

　　例如 Th1，會分泌出干擾素伽碼這種細胞激素*，促使 B 細胞發射 IgG 型的抗體。Th2 細胞分泌的細胞激素是介白素 4，會促使 B 細胞發射 IgE 型的抗體。

　　除此之外，Th1 和 Th2 就像兩個彼此勢不兩立的死對頭，隨時都在阻礙對方的工作。例如 Th1 細胞分泌的干擾素伽碼，會妨礙 Th2 細胞的作用。如果 Th1 細胞和 Th2 細胞無法維持勢均力敵的狀態，由 Th2 細胞占上風，B 細胞便會優先發射 IgE 型的抗體。而 IgE 的抗體，便是引起花粉症等第 I 型過敏的頭號分子。詳細情形就讓我們接著看下去吧。

---

*　細胞激素：由細胞分泌，對細胞產生作用的分子（p.22）。

Th2的力量如果變強，就會引起第I型過敏

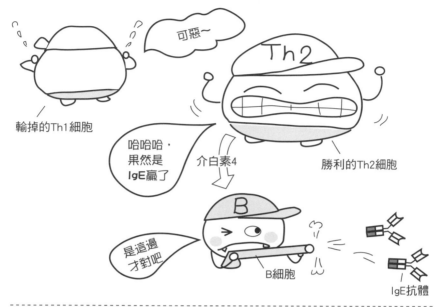

輸掉的Th1細胞

可惡~

Th2

哈哈哈，果然是IgE贏了

介白素4

勝利的Th2細胞

是這邊才對吧

B細胞

IgE抗體

Th1和Th2
互相阻礙對方

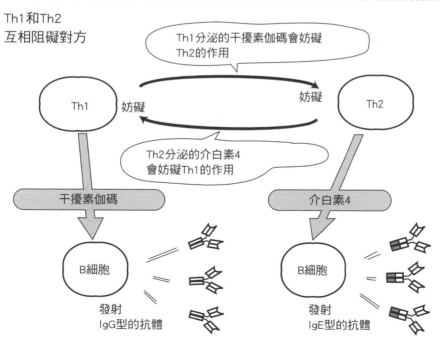

Th1分泌的干擾素伽碼會妨礙
Th2的作用

Th1 妨礙 妨礙 Th2

Th2分泌的介白素4
會妨礙Th1的作用

干擾素伽碼

介白素4

B細胞

B細胞

發射
IgG型的抗體

發射
IgE型的抗體

scene 6.3 IgE 是第 I 型 過敏的導火線

肥大細胞把 IgE 視為獵物

我們之前只輕描淡寫地提到，B 細胞會發射抗體以排除異物，殊不知一場驚心動魄的免疫大戲其實還有得打。

話說在第 2 型輔助 T 細胞一聲令下而發射的 IgE，最後被肥大細胞[*1]（顆粒細胞）拾獲。肥大細胞是一種遍布於皮膚、氣管黏膜和腸管黏膜正下方的細胞，其中有一些顆粒比較大。這些顆粒隱藏著秘密武器，也就是組織胺和血清素等化學傳導物質。以腸管黏膜而言，它是我們的身體與外界相接的部分，肥大細胞就駐守在距離此處只有一步之遙的地方，相當於守衛。

把 IgE 當作叉子

拾獲 IgE 的肥大細胞，當同樣的抗原再度入侵時，就會用 IgE 權充叉子，用它捕捉抗原[*2]，釋放出被當作秘密武器的化學傳導物質[*3]。

那麼，肥大細胞所釋出的化學傳導物質，會導致什麼結果呢？

＊1　多數的肥大細胞都存在於因慢性炎症所引起的肥厚組織當中，因而得到此名。
＊2　肥大細胞拾獲的是沒有與IgE的抗原結合的部分（Fc部分），而肥大細胞用來拾獲Fc部分的手稱為Fcε受體。ε（Epsilon）是希臘字母，相當於英文字母E，從IgE的E而來。當抗原再度入侵時，IgE們會聚集在一起，結果造成Fcε受體們也互相聚集。這種現象對肥大細胞而言是種刺激，因而釋放出化學傳導物質。這種因抗原造成Fcε們群聚的現象稱為抗原的交叉連結（Cross-link）。
＊3　化學傳導物質：以廣義而言，化學傳導物質是由細胞分泌，而且對細胞產生作用的分子總稱，例如荷爾蒙、細胞激素。不過就狹義定義而言，指的是肥大細胞所分泌的分子。

肥大細胞一旦捕捉IgE……

1 肥大細胞捕獲了IgE

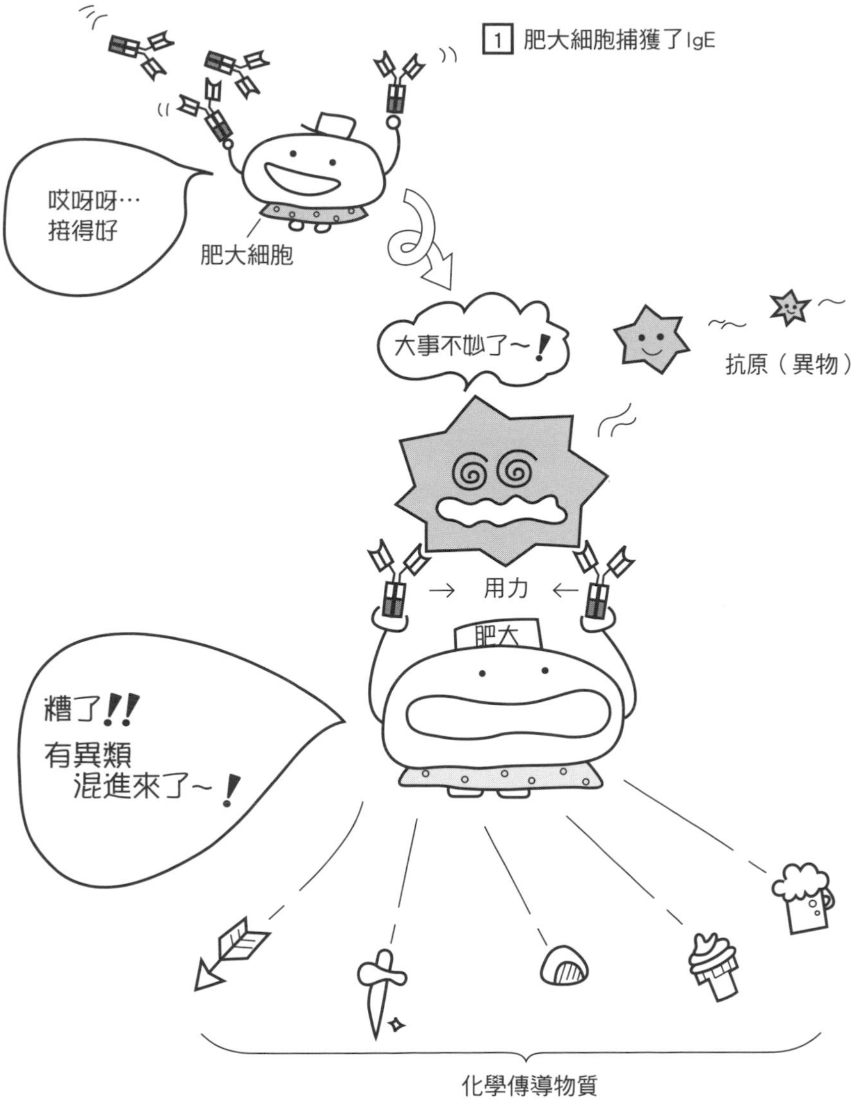

哎呀呀…
捧得好

肥大細胞

大事不妙了~!

抗原（異物）

→ 用力 ←

肥大

糟了‼
有異類
混進來了~!

化學傳導物質

2 肥大細胞把IgE當作叉子，用來捕捉抗原。捉到後，會分泌出各種化學傳導物質。

scene 6.4 當肥大細胞釋出化學傳導物質以後……

肥大細胞分泌的化學傳導物質會引起什麼現象呢？接下來我將以花粉症和支氣管氣喘為例，為大家說明。

花粉症是由鼻腔和眼睛黏膜所引起的第 I 型過敏

組織胺是肥大細胞分泌的各種化學傳導物質中，最具代表性的一種。在日本，每到花粉症的季節，許多眼藥或鼻炎藥品的廣告，都會頻繁地打出這句宣傳詞「抵抗組織胺的作用！」。所謂的組織胺，會附著在細胞表面上有如鑰匙孔的部分（組織胺受體），細胞將之視為刺激，會產生各式各樣的反應以排除異物，這種情況就是發炎（以花粉症而言是打噴嚏和眼睛發癢）。另外，組織胺也是誘發長疹子和呼吸困難的原因。

鼻子過敏最主要的三大症狀是「打噴嚏、流鼻水、鼻塞」，不過這些症狀究竟是如何引起的呢？例如花粉入侵時，會引發抗體 IgE 的產生。而這些 IgE 會被鼻黏膜下的肥大細胞捕獲。接下來，等到下次花粉入侵體內時，鼻黏膜下的肥大細胞會利用 IgE 捕捉花粉，釋放出化學傳導物質，而這些化學傳導物質一旦刺激到神經，就會產生打噴嚏、流鼻水等現象。除此之外，微血管的通透性如果也因受到化學傳導物質的影響而提升，蛋白質和細胞也會滲出血管外，導致鼻腔的黏膜浮腫，這也是造成鼻塞的原因。

能夠有效改善花粉症的眼藥或鼻炎藥品，都添加了抗組織胺，能夠抑制組織胺的作用。抗組織胺劑會直接到組織胺與血管、神經細胞結合的部分，和「自己」結合，妨礙組織胺的結合。所以就算肥大細胞分泌了組織胺，還是可以抑制過敏反應。但是，光靠抗組

織胺並無法完全抑制過敏反應的原因在於，組織胺並非唯一一項會媒介過敏反應的化學傳導物質。

胃藥和組織胺

聊天室

　　花粉症和胃潰瘍堪稱日本的兩大國民病，兩者乍看下是毫不相關的疾病，其實它們與組織胺的關係都很密切。

　　剛才已經介紹，組織胺會與各種位於細胞表面的受體結合，引起過敏反應；與這些細胞共通的組織胺受體稱為 H1 受體。另一方面，接受組織胺，並分泌出胃酸的細胞（胃壁細胞），其組織胺受體稱為 H2 受體。如果胃酸分泌過多，就會造成胃的黏膜受損，形成胃潰瘍。可以改善花粉症的「抵抗組織胺作用」藥物（抗 H1），作用是妨礙組織胺與 H1 受體結合；用來改善胃潰瘍的「抵抗組織胺作用」藥物（抗 H2），可以阻礙組織胺與 H2 受體結合。

真的假的？胃潰瘍和花粉症都由同樣的物質所引起？

支氣管氣喘的情況

接著看看支氣管氣喘的情形。

肥大細胞分泌的組織胺，首先會環繞支氣管，對平滑肌產生作用，造成這個部分的肌肉緊縮，支氣管也因此變窄。這就是氣喘發作時，吸氣後總是很難吐氣的原因。另外，組織胺還會對支氣管的黏液產生細胞作用，促使痰（黏液）分泌過剩，導致喉嚨被痰卡住，呼吸不順。除此之外，在組織胺的作用下，白血球和蛋白質也容易從微血管滲出。此現象稱為血管通透性亢進作用，會造成黏膜紅腫。

肥大細胞分泌的化學傳導物質當中，除了組織胺，還有白三烯 C4 和白三烯 B4 等。白三烯 C4 和組織胺一樣，都會導致支氣管平滑肌收縮。白三烯 B4 會吸引嗜中性球和嗜酸性球等白血球。嗜中性球和嗜酸性球被稱為發炎性白血球，會造成慢性發炎，危害周圍的細胞。

肥大細胞最後會釋放出介白素 4，這是一種細胞激素（以廣義而言，細胞激素也屬於化學傳導物質之一），使第 2 型輔助 T 細胞（Th2）得到活化，好讓發炎的症狀繼續維持。

所謂的第 2 型輔助 T 細胞（Th2）就是促使 B 細胞產生 IgE 的細胞。它們也會釋放出化學傳導物質，讓免疫戰爭化為長期抗戰，造成周圍的細胞們受損。

原本是用來免於疾病的免疫，卻成為反咬我們一口的敵人，這就是過敏的真相。

支氣管氣喘的原理

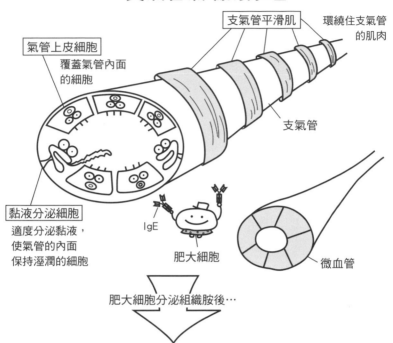

氣管上皮細胞
覆蓋氣管內面的細胞

支氣管平滑肌

環繞住支氣管的肌肉

支氣管

黏液分泌細胞
適度分泌黏液，使氣管的內面保持溼潤的細胞

IgE

肥大細胞

微血管

肥大細胞分泌組織胺後…

1 造成氣管平滑肌收縮，支氣管也變得狹窄

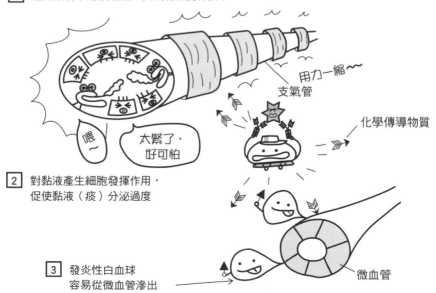

用力一縮～
支氣管

喂

太緊了，好可怕

化學傳導物質

2 對黏液產生細胞發揮作用，促使黏液（痰）分泌過度

3 發炎性白血球容易從微血管滲出

微血管

scene
6.5 會過敏和不會過敏的人

　　剛才我們看過了第 I 型過敏的機制。正如過敏體質這句話所言，有些人似乎注定和過敏結下不解之緣，究竟是為什麼呢？理由之一是負責對免疫反應踩煞車的調節 T 細胞（Ts、或者稱為抑制性 T 細胞 Treg），功能的強弱因人而異。所謂的 Ts/Treg 可以抑制興奮的輔助 T 細胞，降低它的作用（p.72）。Ts/Treg 的功能減退時，就無法抑制變得興奮的第 2 型輔助 T 細胞。Ts/Treg 與第 2 型輔助 T 細胞的勢力消長，或者說在 p.84 ～ p.85 已經介紹的第 1 型與第 2 型輔助 T 細胞的勢力關係即使失衡，也不會就此造成過敏，但是細胞間能否維持均衡的關係，對身體至關重要；一旦失衡，就會產生疾病是無庸置疑的事。

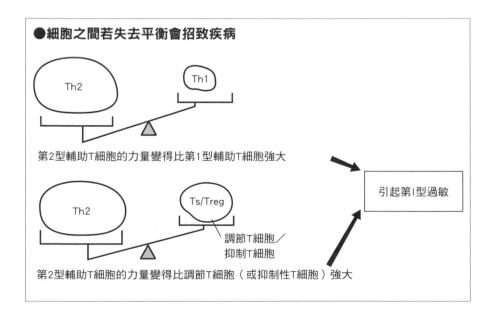

●細胞之間若失去平衡會招致疾病

第2型輔助T細胞的力量變得比第1型輔助T細胞強大

調節T細胞／抑制T細胞

第2型輔助T細胞的力量變得比調節T細胞（或抑制性T細胞）強大

引起第I型過敏

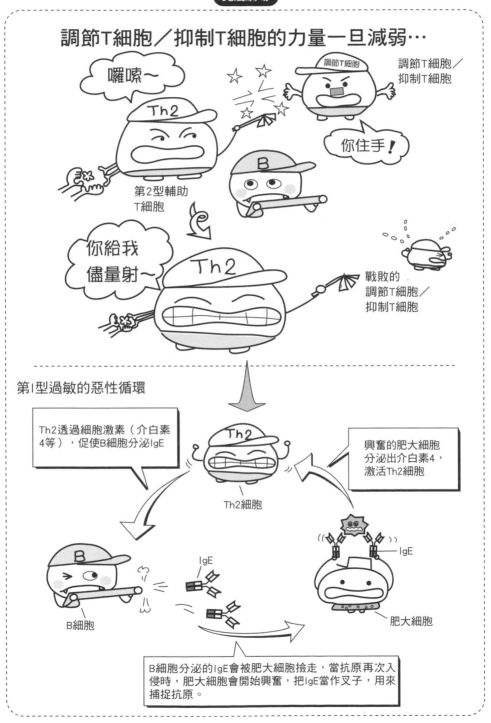

scene 6.6 第 I 型過敏的例子

　　皮膚引發第 I 型過敏時會發生什麼情況呢？皮膚的肥大細胞所釋放的化學傳導物質，若是造成皮膚微血管的通透性上升，皮膚會變得紅腫。化學傳導物質如果刺激到神經會發癢，這就是大家熟知的蕁麻疹。

　　腸內也會引發第 I 型過敏。IgE 因某項食物的成分而產生後，腸黏膜的肥大細胞接著會釋出化學傳導物質，導致包覆腸部周圍的平滑肌收縮，結果產生腹痛和腹瀉，這種情形就是食物過敏。

　　第 I 型過敏中，最嚴重的情況是全身血管都產生 I 型過敏的反應。因為化學傳導物質的影響，全身微血管的通透性都會跟著亢進，造成體液流出血管之外，引起低血壓。血壓急速下降的情況稱為休克；若是因全身血管引發第 I 型過敏而造成的休克，則稱為過敏性休克。過敏性休克首度發現於 1902 年，距今已超過 100 年。過了 4 年，到了 1906 年，Allergy 一詞誕生，但是即使過了 100 年以上，除了過敏的根本原因依然成謎，也沒有人可以回答，為何每年罹患花粉者的人數依然有增無減。

第I型過敏的總整理

（以支氣管氣喘為例）

Th2細胞比Th1細胞占上風

↓

B細胞把分泌IgE優先於分泌IgG

↓

IgE被肥大細胞的Fcε撿到

↓

當抗原再次入侵時，肥大細胞會使用IgE捕捉抗原。興奮下，釋放出化學傳導物質

介白素4激活Th2細胞

促使氣管平滑肌收縮

促使黏液（痰）大量分泌

使發炎性白血球（嗜中性球和嗜酸性球）群聚

群聚的發炎性白血球會釋放出化學傳導物質

群聚的發炎性白血球會釋放傷害組織的物質（活性氧和蛋白質分解酵素）

氣管上皮等會產生剝離等組織傷害

後台休息室
細胞激素

細胞激素的種類眾多，包括干擾素伽碼、化學傳導物質的組織胺等，或許有些讀者會看得一頭霧水。

所以，我們接著要造訪身為總司令官的輔助 T 細胞，一窺它的休息室，看看能不能得到更詳盡的資訊。

總司令官的控制室　第 1 型輔助 T 細胞大人

門上貼著「讓我一個人靜一靜」的告示

既然會説讓我一個人靜一靜，不就表示我人在房間裡嗎？啊！很抱歉，我以為是 B 細胞來了。聽到我説我是被第 2 型輔助 T 細胞陷害的這句話，B 細胞居然只回我一句「你不要太介意啦」。如果只會講這種話，倒不如閉嘴聽我説話就好。

剛才在第 6 幕，我的表現實在很丟人。不過在戲的尾聲，獲勝的可是我哪！真是太棒了，可喜可賀，我是這麼相信啦！什麼？你要我再説一次我釋放出來的介白素是什麼名字？

其實是有一個好記的方法……可是如果要知道這個方法，我就得先提第 1 型和第 2 型輔助 T 細胞的出生秘密了。

不好意思，可以請你們去第 2 型的控制室嗎？

總司令官的控制室　第 2 型輔助 T 細胞大人

歡迎歡迎，你們有帶花來要恭喜我獲得勝利嗎？什麼？你們來是為了問我要怎麼記得介白素的名稱？還有第 1 型和第 2 型輔助 T 細胞的出生秘密？

呃……這個嘛，輔助 T 細胞以前有段時間還沒有區分出第 1 型和第 2 型，所以那時候把受到介白素 12 作用的稱為第 1 型，受到介白素 4 作用的稱為第 2 型。

接下來可要聽好了喲！介白素 12 促使輔助 T 細胞走向第 1 型輔助 T 細胞（Th1），還有促使干擾素伽碼和介白素 2 分泌，所以可以寫成口訣「12 歲的國 1 生愛吃柑仔」。

介白素 4 促使輔助 T 細胞走向第 2 型輔助 T 細胞（Th2），而且促使介白素 13（13 歲）、10（10 歲）、4、5、6 分泌，可以寫成口訣「13 歲的國 2 生和 10 歲的小 4 生住在 5 樓和 6 樓」。

怎麼啦？不會吧！你們別走啊……

聊天室 T 細胞和細胞激素

細胞激素由細胞所分泌，作用於細胞分子，種類很多。

例如第 1 型輔助 T 細胞（Th1）分泌的干擾素伽碼，能夠活化巨噬細胞，促使 B 細胞產生 IgG 型的抗體。另外，Th1 分泌的介白素 2，則能夠活化殺手 T 細胞，替反應過度的免疫反應踩煞車。另一方面，第 2 型輔助 T 細胞（Th2）所分泌的介白素 4、5、6、10、13，主要作用都是促使 B 細胞產生抗體，其中的介白素 4 會促使 B 細胞產生 IgE 型的抗體。

scene 6.7 其他類型的過敏

所謂的過敏是對原本無害之物，產生過度免疫反應所造成的疾病狀態。其背後也隱藏著細胞間的相互作用已經失衡的實情。

剛才介紹的花粉症等，屬於透過 IgE 型的抗體所引發的第 I 型過敏，也是一般最常見的過敏。

但是除了第 I 型過敏，另外還有透過 IgG 型的抗體所引起的過敏（第 II、III 型過敏）與不透過抗體所引起的過敏（第 IV 型過敏）。到底這些類型的過敏和第 I 型有何不同呢？

第 II 型過敏

相較於第 I 型過敏是透過 IgE 型的抗體所引起的過剩免疫反應，第 II 型過敏則是因 IgG 型的抗體攻擊位於細胞表面的分子和固定於細胞之間的分子，因而導致的病態。

請大家回想一下，當抗體與抗原結合時會發生什麼事？抗體一旦與抗原結合，對巨噬細胞而言，抗原會變得比較容易吞食（調理作用），同時讓名為補體的蛋白質群得到活化（p.48 ～ 49）。活化後的補體當中，有些經過調理作用後，會變得更容易讓巨噬細胞吞食，例如 C3b；但也有些補體會吸引發炎性白血球，像是 C5a；另外還有像 C9 複合體會在抗原穿孔的類型。

如果這樣的反應是針對紅血球的表面蛋白質，紅血球不久後會遭到破壞，造成所謂的自體免疫性溶血性貧血。換言之，只要抗體與紅血球的表面蛋白質結合，紅血球就會被 C9 複合體穿孔，或者被位於胰臟的巨噬細胞吞食。

除了自體免疫性溶血性貧血，重症肌無力也是第 II 型過敏的代表性疾病。在正常的情況下，肌肉的細胞會以受體蛋白接受由神經分泌的乙醯膽鹼，才能夠正常收縮。但是重症肌無力的患者，不知出於何種原因，竟然對乙醯膽鹼的受體蛋白產生了抗體，乙醯膽鹼的受體蛋白受損後，連帶也造成肌肉的收縮困難。

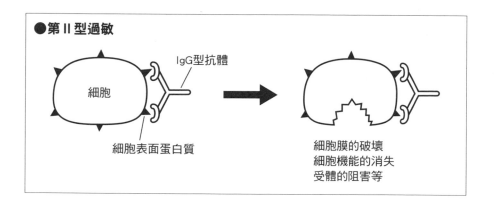

●第 II 型過敏

IgG型抗體

細胞

細胞表面蛋白質

細胞膜的破壞
細胞機能的消失
受體的阻害等

第 III 型過敏

　　相對於第 II 型過敏的攻擊對象是細胞表面的分子或固定於細胞之間的分子，第 III 型過敏攻擊的是溶於體液中的抗原（可溶性抗原）。

　　換言之，IgG 型的抗體如果和可溶性抗原結合，就會產生抗原抗體複合物（免疫複合物）。抗原抗體複合物一旦沉積在腎臟或肺部的微血管，就會在該部位引起發炎。只要是抗原抗體複合物沉積之處，補體和巨噬細胞都能得到活化。各種活化後的補體當中，C3a 和 C5a 會吸引發炎性白血球，對組織造成傷害。因免疫複合體沉積所產生的發炎反應稱為第 III 型過敏或亞瑟反應。

　　由第 III 型過敏引起的全身性疾病稱為血清病。另外，當免疫複合體沉積在腎臟的微血管外，會產生發炎現象，造成絲球體腎炎。絲球體是製造尿液的地方。正如其名，我們的腎臟微血管有如一團絲線，是一種過濾老舊廢物的裝置。正因為微血管的構造十分錯綜複雜，免疫複合體也特別容易沉積。以下的表格是第 II 型過敏和第 III 型過敏的整理。

	第 II 型過敏	第 III 型過敏
抗原	細胞表面的分子或細胞與細胞之間的分子	可溶性抗原
抗體	IgG 型抗體	
疾病狀態	在抗體結合之處造成組織傷害	抗原抗體複合物在沉積之處引起組織傷害
疾病例	自體免疫性溶血性貧血 重症肌無力	血清病 大多數的絲球腎炎

什麼是絲球體？

　　我們每天排出的 1 公升以上的尿液，都是在腎臟的絲球體製造。原因很簡單，因為這裡的微血管就像一團線。多餘的排出物經由絲球體過濾後就是尿液了。

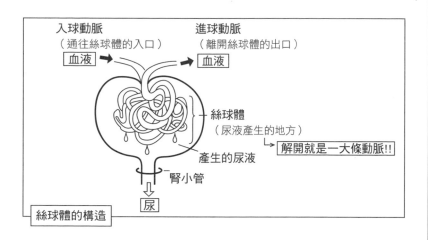

入球動脈
（通往絲球體的入口）
血液 ➡

進球動脈
（離開絲球體的出口）
➡ 血液

絲球體
（尿液產生的地方）
解開就是一大條動脈!!

產生的尿液

腎小管

尿

絲球體的構造

絲球體腎炎的例子

　　得過扁桃腺炎以後，偶爾會出現身體突然水腫的情形。原因是免疫系統為了抵抗引起扁桃腺炎的細菌而製造抗體；細菌與抗體結合後形成的免疫複合物在血液中流動，後來沉積在腎臟的絲球體，在此引起發炎。絲球體一旦發炎，就無法過濾尿液，因此囤積在體內的體液會造成水腫。這種情況就是急性絲球體腎炎。

　　另一種情況是免疫系統針對自己的成分或癌細胞的成分產生抗體，而自己的成分與抗體結合而成的免疫複合物在血液中流動，最後沉積在絲球體，導致發炎。自己的成分並不會消失，所以這類型的發炎會演變成慢性疾病。大多數的慢性絲球體腎炎，都是對自己的某些成分，或者是癌細胞的成分產生過剩免疫反應所造成。

第 IV 型過敏

第 I 型過敏是與 IgE 型的抗體有關的免疫反應過剩；第 II 型和第 III 型過敏是與 IgG 型的抗體有關的免疫反應過剩；相較於前三者，第 IV 型過敏則是與抗體無關的免疫反應過剩。基本上，以 B 細胞發射的抗體為主，藉此排除抗原的反應稱為體液免疫；由殺手 T 細胞和巨噬細胞主導，排除抗原的反應稱為細胞介導免疫（p.29 ～ 30）；第 IV 型免疫正屬於細胞介導免疫反應過度所造成。

假設結核菌為了免於被抗體攻擊，潛藏在巨噬細胞之間；如果巨噬細胞無法完全消化結核菌，便會向輔助 T 細胞討救兵。經過輔助 T 細胞的刺激後，巨噬細胞會開始集合、合體，打算一舉將結核菌完全消滅。如果結核菌能夠就此全軍覆沒是再好不過，如果敵軍過於頑強，無法完全被消化，那麼細胞介導免疫反應就會變得拖拖拉拉，演變成慢性化。

即時型和延遲型

過敏也可以依照即時型和延遲型來分類。即時型和抗體的關係密切，屬於馬上會引起過敏反應的類型；延遲型以細胞為主角，稍微多花點時間才會引起過敏反應。

●●●●●●●●●● 第 6 幕的總整理

●何謂過敏
●對花粉或粉塵等原本無害的物質產生過剩的免疫反應，結果造成危害身體的疾病狀態。

●由 IgE 的產生所引爆的免疫反應過剩是第 I 型過敏
●第 I 型過敏可整理成以下 3 個階段：

●第 1 階段：Th2 出於某些因素戰勝了 Th1，因此 IgE 型的抗體優先製作於 IgG 型的抗體。

●第 2 階段：肥大細胞捕獲 IgE 的階段。

●第 3 階段：當同樣的抗原再次入侵時，肥大細胞會把 IgE 當作叉子，用來捕捉抗原，並分泌出化學傳導物質的階段。

●調節 T 細胞／抑制性 T 細胞雖然負責替免疫反應踩煞車，但是當它的作用減退，一個人就比較容易成為過敏體質
●從根本的原因而言，某些人的免疫反應之所以會演變成慢性化，原因之一是他們的調節 T 細胞，作用已經減退。如此一來，調節 T 細胞／抑制性 T 細胞便無法充分替免疫反應踩煞車，抑制輔助 T 細胞的作用。

●調節 T 細胞／抑制性 T 細胞和 Th2 細胞的勢力消長關係，或者說 Th1 和 Th2 的勢力拉鋸即便失衡，也不致於導致過敏產生，但是兩者是否保持均衡對身體而言很重要；一旦關係失衡，便會招致疾病。

過敏的總整理

與IgE型的抗體有關的過剩免疫反應 ···················· 第 I 型過敏

與抗體有關的過剩免疫反應

IgG型的抗體針對細胞表面的蛋白質和固定於細胞間組織的蛋白質所引起的過剩免疫反應 ·········· 第 II 型過敏

與IgG型的抗體有關的過剩免疫反應

針對溶解於體液中的抗原（可溶性抗原），IgG型的抗體結合所引起的過剩免疫反應 ·········· 第 III 型過敏

過敏
對原本無害之物產生過剩的免疫反應

針對抗體無法所及的抗原所產生的過剩免疫反應

輔助T細胞活化殺手T細胞，將抗原侵入的細胞完全消滅。

輔助T細胞活化巨噬細胞，促使巨噬細胞的消化能力提升。

第 IV 型過敏

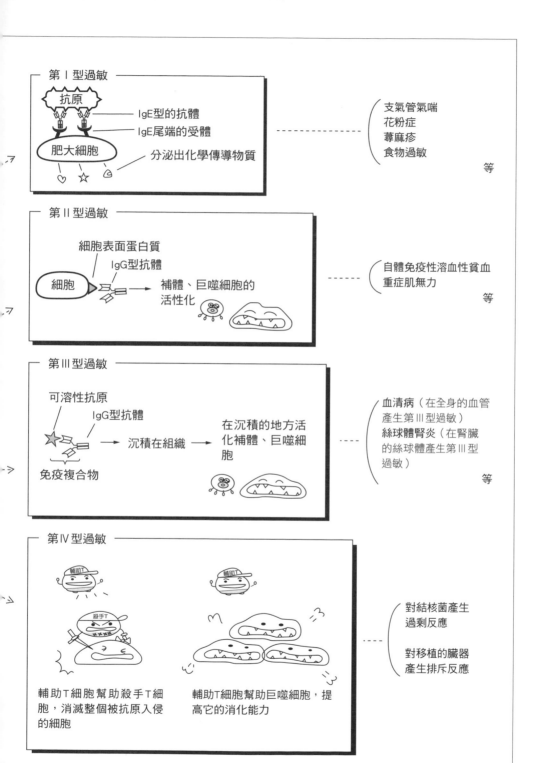

第 I 型過敏

抗原

IgE型的抗體
IgE尾端的受體

肥大細胞

分泌出化學傳導物質

支氣管氣喘
花粉症
蕁麻疹
食物過敏

等

第 II 型過敏

細胞表面蛋白質
IgG型抗體

細胞

補體、巨噬細胞的
活性化

自體免疫性溶血性貧血
重症肌無力

等

第 III 型過敏

可溶性抗原
IgG型抗體

沉積在組織

在沉積的地方活
化補體、巨噬細
胞

免疫複合物

血清病（在全身的血管
產生第III型過敏）
絲球體腎炎（在腎臟
的絲球體產生第III型
過敏）

等

第 IV 型過敏

輔助T
輔助T
殺手T

輔助T細胞幫助殺手T細
胞，消滅整個被抗原入侵
的細胞

輔助T細胞幫助巨噬細胞，提
高它的消化能力

對結核菌產生
過剩反應

對移植的臟器
產生排斥反應

105

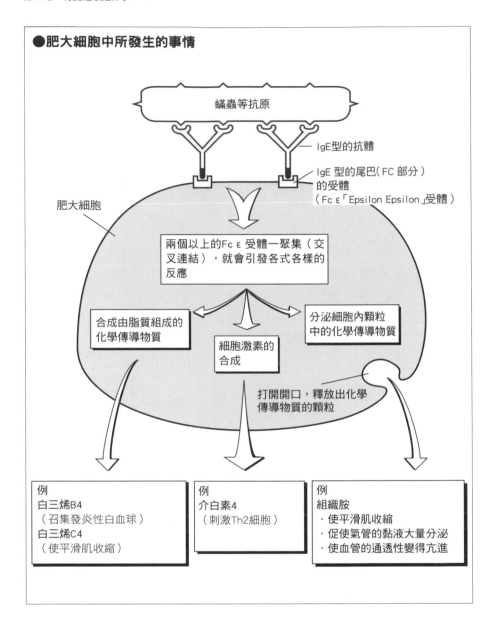

●肥大細胞中所發生的事情

蟎蟲等抗原

IgE型的抗體

IgE 型的尾巴（FC 部分）
的受體
（Fc ε「Epsilon Epsilon」受體）

肥大細胞

兩個以上的Fc ε 受體一聚集（交叉連結），就會引發各式各樣的反應

合成由脂質組成的
化學傳導物質

細胞激素的
合成

分泌細胞內顆粒
中的化學傳導物質

打開開口，釋放出化學
傳導物質的顆粒

例
白三烯B4
（召集發炎性白血球）
白三烯C4
（使平滑肌收縮）

例
介白素4
（刺激Th2細胞）

例
組織胺
・使平滑肌收縮
・促使氣管的黏液大量分泌
・使血管的通透性變得亢進

為什麼壓力會使免疫力下降？

「只要背負了精神上或肉體上的壓力，免疫力都會下降，變得容易感冒」，甚至是「提高罹癌機率」的說法，相信我們每個人都不陌生。

最普遍的解釋是當身體承受壓力時，自律神經會產生反應，導致位於腎臟上方的副腎，大量分泌出皮質類固醇。皮質類固醇會抑制 T 細胞、B 細胞和巨噬細胞等免疫細胞的功能，連帶造成免疫力下降。但是，大家是否有過這樣的經驗？在緊張的時候（承受壓力時），完全與感冒無緣，但等到心情放鬆下來，卻反而感冒了。

我們透過經驗得知，壓力會誘發過敏和自體免疫疾病等過剩的免疫反應。但是說到底，還是沒有人能夠看透壓力與免疫之間的關係。

換言之，有關這個部分還有很多研究的空間。

舉例而言，透過最近的研究，得知了一項耐人尋味的結果。如果聽了相聲而哈哈大笑，引起發炎的分子（發炎性細胞激素→ p.114 ～ 116）在血液中的濃度會下降。大笑可以讓身體放鬆，是每個人從經驗中都清楚不過的事實；意外的是，這種讓每個人能夠憑直覺就知道的事實，或許有機會在醫療上立下汗馬功勞，也難怪俗話說「笑口常開，福氣自然來」。

媽媽給孩子的禮物

聊天室

　　父母為孩子付出一切，送給他們的東西不知有多少；不過從免疫學的角度而言，孩子早在出生之前，已經從媽媽那裏得到一份彌足珍貴的禮物。那就是孩子待在媽媽的肚子裡時，透過胎盤所得到的 IgG 型抗體。媽媽送的 IgG 型抗體，可以在孩子出生的半年內，免於被各種病原體感染。換句話説，媽媽提供的 IgG 型抗體，大概在孩子長到 6 個月左右就會耗盡，所以之後比較容易被各種疾病傳染，必須更加小心。

　　另一樣由媽媽送給孩子的免疫大禮是母乳中所含的 IgA 型抗體。IgA 型抗體像一層面紗般包覆著消化管黏膜，可以保護身體免於腸內的病原微生物攻擊。嬰兒成長後，雖然能夠自行在消化管黏膜分泌 IgA 型抗體，但剛出生時是由媽媽提供。我想，IgA 在一開始提供給孩子的初乳當中含量最高，絕非只是單純的巧合，而是恰如其分地表現出生命現象的神祕之處。

第 7 幕

有關類風溼性
關節炎

擁有其他疾病沒有的豐富面向

　　若罹患類風溼性關節炎痛，不但得忍受全身關節僵硬疼痛之苦，而且不採取治療的話，關節還會變形。光是全身的關節疼痛，對日常生活便會造成極大的不便，要是進一步惡化到關節變形，連日常生活都會受到種種限制。有鑑於此，研究者們持續努力不懈，冀望能開發出更有效的治療方法。

　　類風溼性關節炎乍看之下與免疫似乎毫無關係，其實發病的背後隱藏著免疫的異常和細胞間的失衡。接著，就讓我們一起看看詳細的說明吧。

scene 7.1 類風溼性關節炎是什麼樣的疾病

　　類風溼性關節炎的患部是關節的滑膜，遍及全身。構成關節的兩塊骨頭之間，有一塊功能相當於緩衝墊的軟骨；如右圖所示，包覆著軟骨和骨頭的膜就是滑膜。類風溼性關節炎的患者，不知出自何種原因，滑膜處於慢性發炎的狀態。所謂的發炎，就是腫、痛、熱；類風溼性關節炎的患者，滑膜會厚厚腫起，感到灼熱疼痛。

　　過了一段時間之後，滑膜的細胞會像腫瘤一樣增殖，侵蝕骨頭和軟骨的部分。雖然我用「像腫瘤一樣」來形容，不過類風溼性關節炎的滑膜並不像惡性腫瘤如此惡性。但想到患者受到的折磨，我實在也很難用「類風溼性關節炎像良性腫瘤般優質」來形容。

　　骨頭和軟骨被侵蝕的滑膜，不但造成關節變形，最後還會讓關節變得硬梆梆。為何關節會變硬，至今原因仍不明。不過可以確定的是，愈早發現、愈早治療，的確能夠延緩病情的惡化。

（註）直到不久之前，"rheumatoid arthritis（RA）"一直被翻譯為「慢性關節炎」，直到2002年日本Rheumatoid學會才改為「類風溼性關節炎」。追根究柢起來，"RA"這個字，本身並沒有「慢性（chronic）」的意思。而且目前已經證實，只要在早期使用抗類風溼性關節炎的藥物，RA不一定會演變成慢性。

類風溼性關節炎是什麼樣的疾病

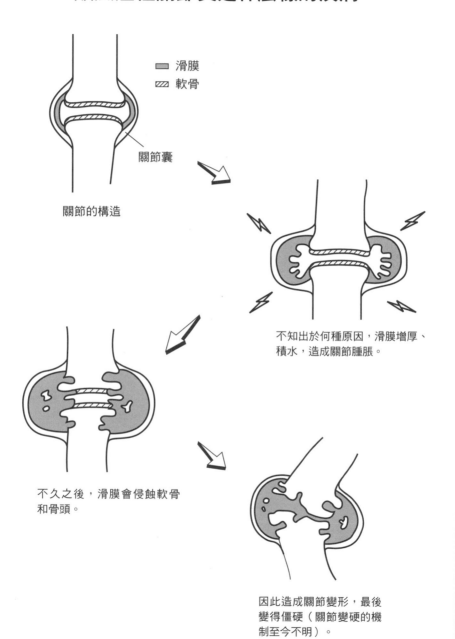

滑膜

軟骨

關節囊

關節的構造

不知出於何種原因，滑膜增厚、積水，造成關節腫脹。

不久之後，滑膜會侵蝕軟骨和骨頭。

因此造成關節變形，最後變得僵硬（關節變硬的機制至今不明）。

scene 7.2　類風溼性關節炎的 3 大面向

　　直到不久之前，透過研究，證實類風溼性關節炎具備了 3 大面向。第 1 是具備「自體免疫疾病」的要素，免疫系統會對自身組織的某些成分發動攻擊；第 2 是「慢性發炎」；最後一項是包覆關節的滑膜細胞，會像腫瘤細胞一樣增殖，逐漸侵蝕周圍的組織，所以具備「類似腫瘤」的特性。

特質 1　名列自體免疫疾病之一

　　類風溼性關節炎由滑膜發炎所引起；當發炎情況產生時，類似巨噬細胞的滑膜細胞會分泌出大量的第二型 MHC 分子，輔助 T 細胞也會聚集在滑膜細胞的周圍。

　　第二型 MHC 分子的作用是向輔助 T 細胞提呈抗原的片段。換句話說，類似巨噬細胞的滑膜細胞，會把某些「自己」的成分提呈給自體反應性輔助 T 細胞。不難想像，兩者之間的互動一定充滿試探與勸誘。所謂「自己」的成分為何，至今仍不清楚，但有一種名為第 II 型膠原蛋白的蛋白質是可能的候補之一。

類風溼性關節炎也是自體免疫疾病之一

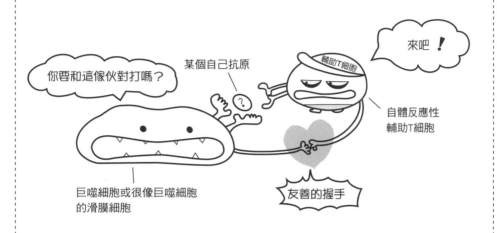

在輔助T細胞的刺激下，
得到活化的巨噬細胞或很像
巨噬細胞的滑膜細胞

特質 2　類風溼性關節炎也是一種慢性炎症

　　類風溼性關節炎會產生劇痛。發病時，全身關節的滑膜會發熱、發痛，嚴重腫脹。滑膜腫脹的原因是細胞和蛋白質滲出微血管，發痛則是因為有許多細胞釋放出傳達疼痛感和破壞關節構造的因子。即使疾病的原因尚未完全釐清，但是滑膜發炎，會持續造成關節疼痛，所以必須從這點對症下藥。

　　發炎的過程和類似巨噬細胞的滑膜細胞有關。說得具體一點，和滑膜細胞分泌的細胞激素關係密切。所謂的細胞激素，意即由細胞分泌，作用於細胞的因子。其中，引起發炎的細胞激素稱為促發炎細胞激素，包括介白素 1、6、8 和 TNF-α[*1] 等。

　　每一種細胞激素的作用各有不同。例如滑膜細胞分泌的介白素 1 和 TNF-α，其作用的對象是負責補強微血管的血管內皮細胞，而且會促使黏附分子出現在細胞表面。接著，發炎性白血球會與黏附分子結合，讓發炎的部位更容易被入侵（右圖）。另外，滑膜細胞分泌的介白素 8，會成為發炎性白血球聚集在發炎部位的誘導物，透過這幾種介白素的作用，發炎性白血球會集中在滑膜。

　　除此之外，介白素 1 和 TNF-α 則對滑膜細胞本身起作用，促使它分泌出破壞骨頭和軟骨的物質（MMP）[*2]，造成關節疼痛（p.116）。為了抑制這一連串引起發炎的過程，目前正在努力開發能夠抑制 TNF-α 和介白素 6 等促發炎細胞激素產生作用的治療方法[*3]。

＊1　TNF-α：腫瘤壞死因子（tumor necrosis factor）-α 的簡稱。TNF是由巨噬細胞等細胞分泌的細胞激素之一，被發現是對某種腫瘤造成出血性壞死的誘導因子。
＊2　MMP：一種名為matrix metalloproteinase的物質，簡稱MMP。
＊3　促發炎細胞激素原本就是在排除病原微生物時的必要因子，所以過度壓抑它的作用，有可能會誘發感染症或招致惡化。

發炎性細胞激素的作用（之1）

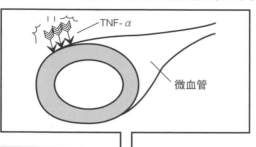

巨噬細胞或與其相似的滑膜細胞所分泌的促發炎細胞激素（例如TNF-α）一旦對微血管產生作用…

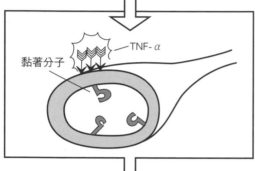

微血管的內面會出現黏著分子。

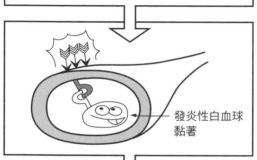

這麼一來，發炎性白血球（嗜中性球和嗜酸性球等）會黏著在黏著分子上。

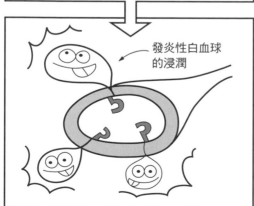

所以變得容易入侵（浸潤）局部。

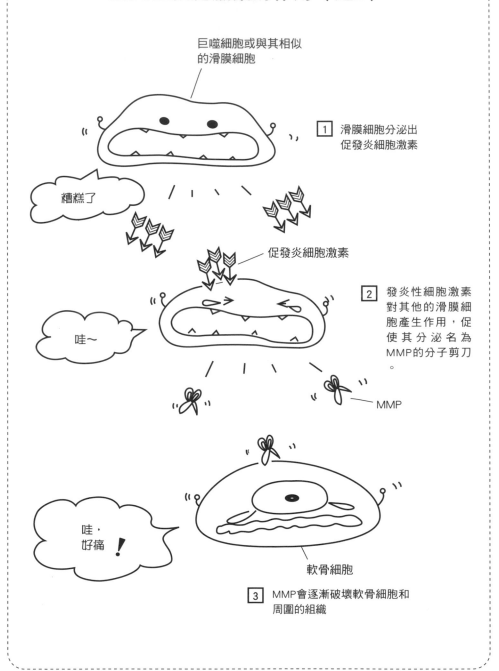

特質 3　類風溼性關節炎也是一種像腫瘤的疾病

前面已經提過類風溼性關節炎具備自體免疫疾病和會演變成慢性發炎的特性。不過，類風溼性關節炎還擁有第 3 個特質，也就是滑膜的細胞會像腫瘤細胞一樣不斷增殖，逐漸侵蝕周圍的組織。以這個特質而言，輔助 T 細胞的參與程度不高。換言之，光從免疫的異常，無法說明滑膜細胞的異常增殖。不過，可以確定的是，滑膜細胞的異常增殖，意味著「原本應該死亡的細胞變得不容易死亡」。

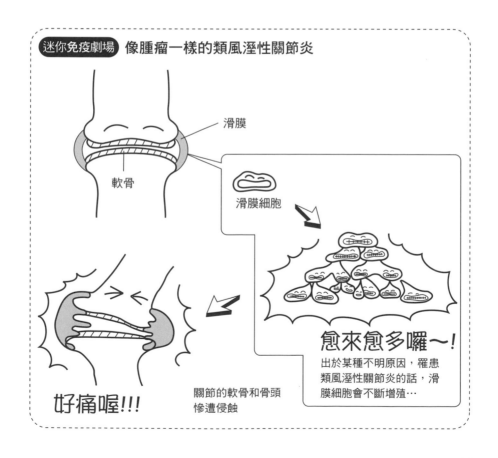

迷你免疫劇場　**像腫瘤一樣的類風溼性關節炎**

滑膜

軟骨

滑膜細胞

愈來愈多囉～！
出於某種不明原因，罹患類風溼性關節炎的話，滑膜細胞會不斷增殖…

好痛喔!!!

關節的軟骨和骨頭慘遭侵蝕

scene 7.3 類風溼性關節炎具備細胞不易凋亡的一面

「原本應該死亡的細胞」的說法聽起來或許殘酷，不過透過研究最近已得知，細胞在合適的時機，在適當的地方死亡，對生命現象是很重要的一環。

舉例而言，蝌蚪之所以在變態為青蛙的同時失去了尾巴，是因為尾巴的細胞在適當的時機死亡。另外，像我們的手在發育完成之前，手指的骨頭一開始是在一堆圓形肉塊中生長，直到指骨之間的細胞死亡，5 根手指頭才一一成形。免疫反應之所以不會對「自己」起作用，原因非常簡單，因為可能會對「自己」產生反應的未成熟T 細胞已經死得乾乾淨淨了（p.60）。

這些細胞的死亡並非出於缺氧或細胞毒素，而是細胞發動自身具備的蛋白質而造成死亡，被稱之為細胞程式性死亡或細胞凋亡。把細胞死亡視為為了生存的生命現象，算不算是一種弔詭呢？

接下來把話題轉回類風溼性關節炎。在正常情況下，自體反應性輔助 T 細胞和滑膜細胞理應都會在適當的時機死亡，但是類風溼性關節炎的患者，不知出於何種原因，依然存活的自體反應性輔助T 細胞對「自己」產生免疫反應；或是滑膜細胞不但沒有死亡，反而像腫瘤細胞一樣逐漸增殖。我把細胞程式性死亡或細胞凋亡沒有正常運作的情況稱為「細胞凋亡不全（mal-apoptosis）」。"mal"代表的意思有「不全」「失調」「障礙」。例如 "malnutrition" 是「營養失調」的意思（nutrition；營養）；"malabsorption" 是「吸收不良」的意思（absorption；吸收）。所以我個人認為，與其把這種情況稱之為「細胞凋亡的機能不全」或 "impaired apoptosis"，直接稱之為 "mal-apoptosis" 比較簡單好記。

細胞活得太久
或死得太多都不行

　　細胞凋亡的機能不全，或者說因為細胞活得太久，會導致類風濕性關節炎之類的疾病發生；不過，細胞凋亡的機能亢進，意即細胞死亡過量，也會導致疾病產生。

　　例如愛滋病的患者，因為細胞凋亡的機能亢進，造成相當於免疫反應司令官的輔助 T 細胞死亡過量。另外，阿茲海默症或帕金森氏症等神經方面的不治之症，也是細胞凋亡的機能亢進，造成神經細胞死亡過量。由此可見，細胞的存亡必須保持均衡的比例，活得太久或死了太多都不行。有鑑於此，如何將細胞存亡的比例調整至均衡狀態，也是目前仍持續開發的治療方法。

●細胞活得太久或死得太多都不行
因細胞活得太久而產生的疾病：

- 自體免疫疾病：應該死亡的自體反應性 T 細胞變得不容易死亡所引起
- 類風濕性關節炎：應該死亡的自體反應性 T 細胞和滑膜細胞變得不易死亡所引起
- 癌症：應該死亡的癌細胞變得不容易死亡所引起

因細胞死亡過量所造成的疾病：

- 愛滋病：原本應該存活的輔助 T 細胞過度死亡
- 阿茲海默症和帕金森氏症：原本應該存活的腦神經細胞過度死亡

聊天室

類風溼性關節炎和冰山的關係

　　我幫類風溼性關節炎的患者開處方藥時，常常會畫一張冰山的圖，用來向他們說明。

　　露出水面的部分相當於類風溼性關節炎的發炎症狀，也就是關節疼痛。使用非類固醇性的消炎鎮痛劑，可以迅速達到止痛的目的，但無法從根本治療。因為非類固醇性的消炎鎮痛劑，對冰山底下的部分束手無策。

　　所謂類風溼性關節炎的冰山底下部分，也就是至今尚未釐清的免疫異常的部分，或者說有如腫瘤般的一面，可以使用抗風溼藥物治療，此類藥物不具速效性，無法立即消除疼痛，但是只要用藥得宜，能夠使患者維持在類似痊癒的紓解狀態。

　　最後還有一種介於非類固醇性的消炎鎮痛劑和抗風溼疾病紓解藥物的藥物，就是少量的類固醇藥物。少量的類固醇除了可以舒緩屬於表面症狀的關節疼痛，而且對某些免疫異常狀況也能進行微調。話雖如此，令人百思不得其解的是，即使類固醇藥物使用的時間再長，還是無法和根治畫上等號。不過，我相信等到類風溼性關節炎的發病機制釐清，一定會有更有效的治療方法問世。

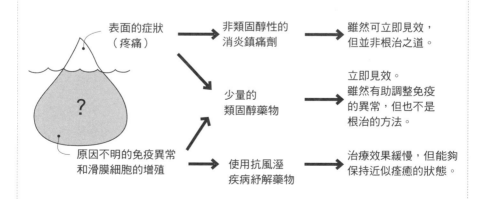

風溼性疾病和自體免疫疾病與膠原病有何差異？

首先我先說明風溼性疾病、自體免疫疾病與膠原病這幾個乍看之下很容易混淆的專有名詞。所謂的風溼性疾病是關節和肌肉產生疼痛的疾病總稱，而自體免疫疾病，正如字面上的意思，是免疫系統對自己的成分產生免疫反應過剩而引起的疾病。最後是膠原病，這是一種兼具自體免疫疾病和風溼性疾病特質的疾病，至今發病的原因仍不明。

接下來我想出個謎題給大家。什麼疾病屬於風溼性疾病，但不屬於自體免疫疾病呢？另外，又有哪些疾病屬於自體免疫疾病，但不是風溼性疾病呢？

答案範例
屬於風溼性疾病，但不屬於自體免疫性疾病

· 退化性關節炎（加齡性變化）
· 痛風（尿酸在關節內結晶化導致發炎）
· 感染性的關節炎等

屬於自體免疫疾病，但不是風溼性疾病

· 自體免疫性溶血性貧血（對紅血球的自體免疫）
· 橋本病（對甲狀腺的自體免疫）
· 多發性硬化症（對腦部產生自體免疫）等

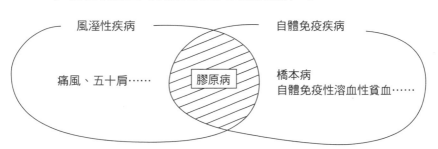

第 8 幕

癌細胞與
免疫系統的攻防戰

癌細胞會模仿胎兒！

　　傳統的觀念認為免疫是為了讓人們免除疫病痛苦的系統。但是，面對像花粉這類無害的物質，有時免疫卻將之視為攻擊對象（過敏），而且免疫系統有時也會對自己的成分發動攻擊（自體免疫）。如有上述情況發生，免疫別說是免除疫病的救星了，甚至會成為傷害身體的罪魁禍首；更頭痛的是，面對真正應該排除的異物時，免疫卻無法大顯身手。所謂的異物，說穿了就是癌細胞。到底是什麼原因，讓免疫對無害之物或自己的成分展開攻擊，卻反而對癌細胞這個應該排除的異物坐視不管呢？

scene 8.1 癌細胞是什麼？

在正常情況下，我們的細胞只會在適當的時機、適當的地點分裂增殖。換句話說，細胞分裂理應受到嚴密的調節，只有該增加的細胞會分裂增殖，不該增加的細胞並不會增殖。也因為如此，我們的身體才得以一直保持現在的樣子。但是，一旦有某些細胞無視這樣的調節，沒有在適當的時機和地點分裂增殖，周圍的臟器便會遭受破壞，這些任意分裂增殖的細胞就是癌細胞。為什麼我們的身體會產生這樣的細胞呢？

scene 8.2 癌細胞如何產生呢？

從 1 個細胞分裂成 2 個細胞的細胞分裂，也屬於標準的生命現象。因為人體號稱有 60 兆個細胞，起初也都是從僅有一個的受精卵，不斷呈 2 的等比級數迅速分裂而成。

話說大多數的生命現象都是靠蛋白質得以營運，細胞分裂也不例外。說得具體一點，細胞中有各種蛋白質各司其職，有些負責在細胞分裂時踩下油門，也有些負責在細胞分裂時踩下煞車。換言之，細胞的分裂與否是建立在各種蛋白質能夠產生相互作用、保持均衡的前提之下。但是，細胞間的關係一旦失衡，踩油門的蛋白質比踩煞車的蛋白質更加強勢時，細胞便會不斷增殖，這就是細胞癌化的原理。我想大家一定很好奇，踩油門的蛋白質和踩煞車的蛋白質，到底會在什麼樣的情況下失衡呢？

癌症是什麼樣的疾病

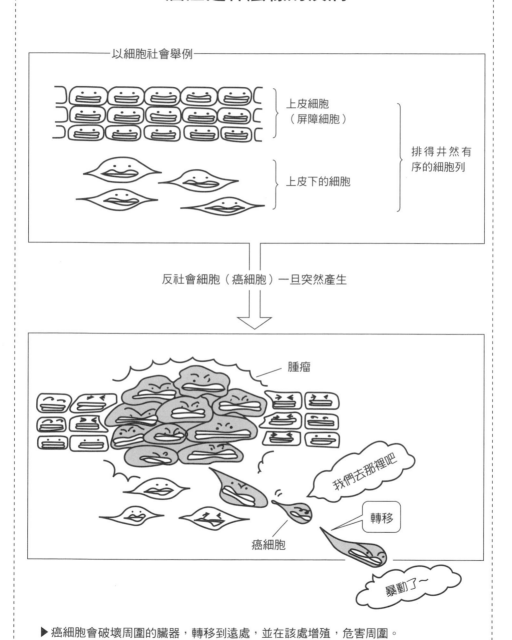

以細胞社會舉例

上皮細胞
（屏障細胞）

上皮下的細胞

排得井然有
序的細胞列

反社會細胞（癌細胞）一旦突然產生

腫瘤

我們去那裡吧

轉移

癌細胞

暴動了～

▶癌細胞會破壞周圍的臟器，轉移到遠處，並在該處增殖，危害周圍。

scene 8.3 癌細胞 為什麼是異物？

　　前面已經提過，細胞中可分為兩大類蛋白質，一種為替細胞分裂踩油門，另一種負責踩煞車。

　　踩油門的蛋白質稱為促分裂原活化蛋白激酶，負責踩煞車的稱為細胞分裂抑制蛋白質。另外，促分裂原活化蛋白激酶的設計圖稱為致癌基因（原癌基因），細胞分裂抑制蛋白質的設計圖稱為抑癌基因。

　　紫外線和香菸的煙霧等物質會損害這些基因，雖然機率很低，但是這些基因也會出現異常，造成促進細胞分裂的蛋白質產生，或產生了失去作用的細胞分裂抑制蛋白質。若是基因的變化，導致促進細胞分裂的蛋白質比抑制細胞分裂的蛋白質強勢，這些產生變化的基因就稱為癌基因。

　　因為基因的變化而產生的蛋白質，原本並不屬於體內，對身體而言當然是異物。換言之，癌細胞就是體內產生的異物，明明是異物，癌細胞為什麼不會被免疫系統排除，得以繼續存活呢？

癌症也是一種遺傳性疾病

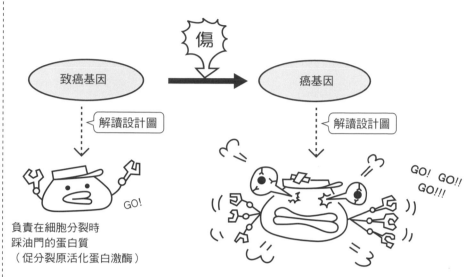

負責在細胞分裂時
踩油門的蛋白質
（促分裂原活化蛋白激酶）

促分裂原活化蛋白激酶若是處於異常活化的狀態，
就會引起細胞癌化。

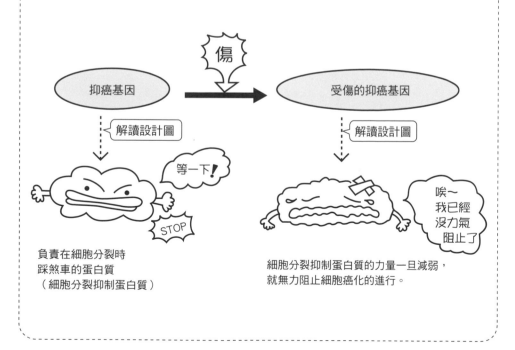

負責在細胞分裂時
踩煞車的蛋白質
（細胞分裂抑制蛋白質）

細胞分裂抑制蛋白質的力量一旦減弱，
就無力阻止細胞癌化的進行。

scene 8.4 癌細胞如何免於免疫系統的攻擊？

　　癌細胞的前身是原本正常，但後來變化成製造出異常蛋白質的細胞，所以對身體而言已經成為異物。負責阻擋異物的，無非是殺手 T 細胞和巨噬細胞這些免疫細胞，但是癌細胞卻有辦法混淆免疫細胞的耳目，或者破壞他們的作用，好讓自己逃過一劫。

　　想必大家應該都還記得，母親懷胎時，胎兒如何不受免疫系統排斥的原理（p.74）。胎兒的細胞，能夠把對母親的免疫系統而言是異物的成分，不顯露於細胞表面，而且還會釋放出某些物質，阻礙母親的免疫細胞發揮作用，因而得以免於被免疫細胞攻擊。

　　所以，狡猾的癌細胞會把自己偽裝成胎兒細胞，藉以免於遭受免疫細胞攻擊。癌細胞製造的異常蛋白質，和病毒一樣都會潛藏在第一型 MHC 分子，但只要一露面，就會遭到殺手 T 細胞消滅。但是癌細胞直接把第一型 MHC 分子從細胞表面隱藏起來，就不會被殺手 T 細胞攻擊了。而且癌細胞還會釋放某些物質，阻礙免疫細胞發揮作用，讓自己的安全獲得更多保障。

癌細胞把自己偽裝成胎兒細胞，巧妙逃過免疫細胞的攻擊

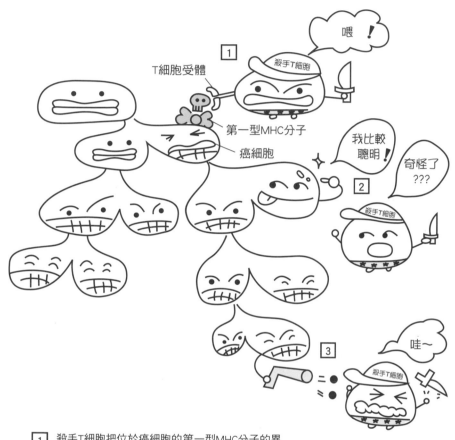

1 殺手T細胞把位於癌細胞的第一型MHC分子的異常蛋白質當作異物。

2 癌細胞把第一型MHC分子隱藏起來，以躲避殺手T細胞的攻擊。

3 不久之後，癌細胞會釋放出抑制殺手T細胞的分子，阻擋免疫細胞的攻擊。

scene 8.5　免疫無法對抗癌細胞嗎？

　　我們在前面已經看到，癌細胞對身體而言明明是異物，但是它卻能巧妙躲開免疫細胞的攻擊。這麼一來，我們的身體是不是就無法依靠免疫的力量消除癌細胞了呢？殺手 T 細胞和巨噬細胞等幾位負責免疫的大將，因為癌細胞的阻礙而元氣大傷。但如果讓它們恢復活力，是不是就有足夠的力量消滅癌細胞了呢？基於這樣的出發點，有些新型治療法仍在進行開發。

　　例如已經有人正嘗試集中癌症病人的 T 細胞，給予能夠替 T 細胞帶來活力的輔助刺激因子（細胞激素之一的介白素 2），希望能藉此恢復 T 細胞的力量。接著再以注射的方式，讓 T 細胞回到患者身上。

　　或者先把患者身上的癌細胞從身體取出，接著對著這些癌細胞釋放出能夠活化免疫細胞的物質。假設在癌細胞裡注入能讓免疫細胞獲得活力的介白素 2 和干擾素伽碼的設計圖（基因）。癌細胞解讀後，就會釋放出輔助刺激因子。如果把這種經過「加工」的癌細胞，再度送回患者的身上，是否能夠就此恢復免疫細胞的作用也備受期待。這種治療法使用的是能夠刺激免疫細胞分子的基因，所以被稱為免疫基因治療，目前在日本也仍在進行開發。

　　當然，或許光靠這些治療法還不足以完全消滅癌細胞。因為目前尚未完全釐清癌細胞究竟如何成功躲避免疫攻擊的機制。換句話說，只要能讓這個機制真相大白，相信更有效的治療方法就能問世了。

何謂癌症的免疫基因治療法？

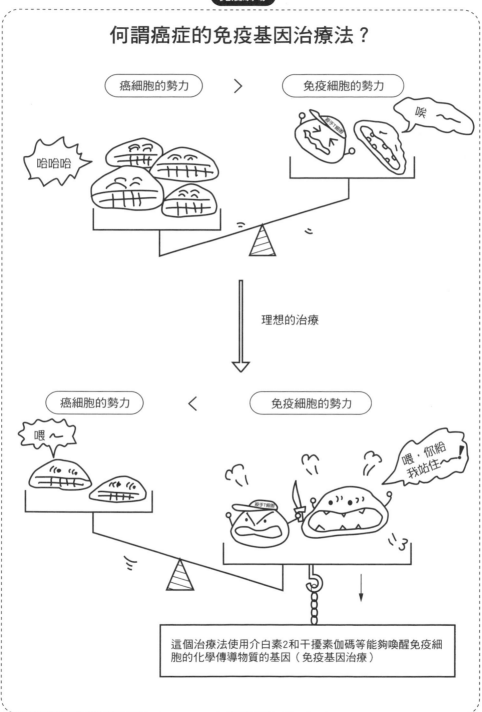

這個治療法使用介白素2和干擾素伽碼等能夠喚醒免疫細胞的化學傳導物質的基因（免疫基因治療）

第 8 幕的總整理

●原本我們的細胞已經調節成只在適當的時候、適當的場所分裂，
但是癌細胞卻不受調節機制控制，以自我的步調分裂增殖，危害身
體。

●所謂的致癌基因，就是促進細胞分裂的蛋白質設計圖。

●所謂的抑癌基因，就是抑制細胞分裂的蛋白質設計圖。

●所謂的癌基因，是由致癌基因轉變而來，就像是活性異常高的細
胞分裂促進蛋白質產物。
　致癌基因和抑癌基因因紫外線和香菸等物質受到傷害，在極低的
機率下製造了活躍異常的細胞分裂促進蛋白質，或者是失去作用的
細胞抑制蛋白質。如果因而導致細胞分裂促進蛋白質比細胞分裂抑
制蛋白質更占優勢，細胞就會癌化。

●癌細胞躲避免疫攻擊的機制
①隱藏非己的成分、②削減免疫細胞的活力
　癌細胞是在體內產生的異物（非己）。
　癌細胞將異物的成分從細胞表面隱藏起來，還會釋放出某些物
質，阻礙免疫細胞的攻擊。

自然殺手細胞的真面目是什麼？

前面已經提過 T 細胞和 B 細胞合稱為淋巴球，不過，自然殺手細胞也因為成為第 3 種淋巴球而備受注目。

具備偵測外敵能力的白血球屬於淋巴球；就像 T 細胞有 T 細胞受體、B 細胞有 B 細胞受體一樣，NK 細胞也有 NK 細胞受體。不過，相較於 T 細胞受體和 B 細胞受體都是和特定的對象（抗原）結合，NK 細胞受體則不會挑選對象。不論是才被病毒感染的細胞，還是剛形成的癌細胞，NK 細胞都來者不拒（也就是非特異），同時，它也是站在防癌免疫的最前線，第一時間便發動攻擊的細胞。有關其作用的機制，尚待釐清的部分還很多；NK 細胞在本書的存在感雖然薄弱，但我想再過幾年，應該有必要專闢一章特別介紹。

順帶一提，自然殺手的「Nature」，意思是「非特異且迅速的免疫反應，與『先天性免疫反應（自然免疫反應）』有關」。

癌症的基因治療

聽到「癌症的基因治療」，不曉得大家抱著什麼樣的印象呢？或許有人覺得「應該是最先進的技術，感覺好像很厲害」，但也有人忍不住皺眉「是不是又在搞基因改造那一套了」。不過，就像大家不需要把基因想得太複雜，基因治療也不是讓人難以理解的深奧問題。

所謂的基因，說穿了就是蛋白質的設計圖（p.38）。既然是設計圖（基因）的異常導致無法製造正常的蛋白質，那麼只要想辦法修復設計圖，應該就能繼續製造正常的蛋白質，達到治療的效果。事實上，藉由補充正常的抑癌基因，讓正常的蛋白質恢復生產，也是備受期待的抗癌療法，有多所醫療機構，已經嘗試把最具代表性的抑癌基因——p53 腫瘤抑制蛋白注入癌細胞。

　　另外，如果是基因異常導致有害蛋白質產生，那麼只要想辦法破壞基因的解讀，應該也會成為可行的治療方法。事實上，針對能夠促進細胞分裂的蛋白質基因（也就是致癌因子）出於某些原因受損，造成活性高到異常的促進細胞分裂蛋白質產生的情況，已經有人正在開發相關的治療方法。補充不足的基因和阻礙有害基因的解讀，就是癌症基因治療的兩大主軸，非常單純。其實，真正困難的部分在於技術層面，也就是如何以安全又有效的手法進行基因治療。

●癌症基因治療的小整理

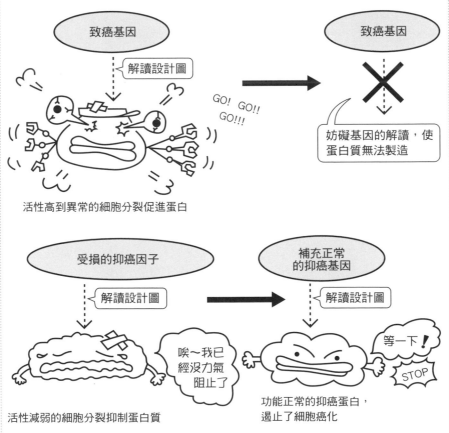

活性高到異常的細胞分裂促進蛋白

活性減弱的細胞分裂抑制蛋白質

功能正常的抑癌蛋白，遏止了細胞癌化

第 9 幕

愛滋病毒與
免疫系統的攻防戰

從根本破壞免疫反應的病毒

　　WHO 在 1980 年正式宣布天花已經完全絕跡。天花在 17 ～ 18 世紀肆虐
西歐，在當時造成大量的死亡，但從 18 世紀末由詹納開始，到了 19 世紀末
巴斯德開發成熟的疫苗療法問世後，這項傳染病終於銷聲匿跡了。對握有疫苗
這樣武器的人類而言，這是一場值得歌功頌德的重大勝利。

　　但是，正式宣布天花已經絕跡的宣言還言猶在耳，隔年的 1981 年，卻出
現了一種完全無法以疫苗阻擋的首例疾病。兩者相形之下，顯得格外諷刺。這
項新型疾病就是愛滋。愛滋是後天性免疫不全症候群的英文縮寫（acquired
immuno-deficiency syndrome；AIDS）。愛滋病雖然由愛滋病毒所引起，但
是這種病原微生物卻會徹底破壞人體的免疫反應。接下來讓我們一起來看看它
窮凶惡極的模樣吧。

scene 9.1 愛滋病毒會襲擊免疫反應的司令官

　　負責免疫的細胞雖然人多勢眾，包括殺手 T 細胞、B 細胞和巨噬細胞等，但是愛滋病毒最可怕的地方在於，它會突擊身為司令官的輔助 T 細胞。

　　相信大家應該還記得，從胸腺學校順利畢業的輔助 T 細胞，每個都會印上 CD4 分子當作合格記號（p.62）。愛滋病毒會緊貼在輔助 T 細胞的記號，也就是 CD4 分子，入侵輔助 T 細胞。接著，愛滋病毒會逐漸在細胞裡增殖，最後消滅輔助 T 細胞。離開後，繼續尋找下一個輔助 T 細胞。

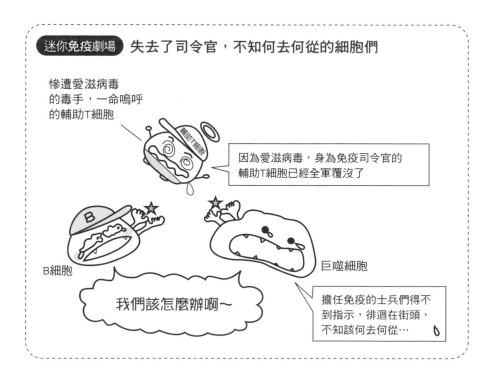

迷你免疫劇場　失去了司令官，不知何去何從的細胞們

慘遭愛滋病毒的毒手，一命嗚呼的輔助T細胞

因為愛滋病毒，身為免疫司令官的輔助T細胞已經全軍覆沒了

B細胞

巨噬細胞

我們該怎麼辦啊～

擔任免疫的士兵們得不到指示，徘迴在街頭，不知該何去何從…

愛滋病毒如何消滅身為免疫司令官的輔助T細胞

嘻嘻嘻

愛滋病毒

你是誰…?!

CD4 輔助T細胞

1 愛滋病毒會緊貼在輔助T細胞的記號，也就是CD4分子，潛入輔助T細胞。

感覺好不舒服…

輔助T細胞

B

殺手T

怎麼啦？

2 侵入輔助T細胞的愛滋病毒逐漸增殖。對於輔助T細胞承受的苦痛，B細胞和殺手T細胞都渾然不知…

啊～

輔助T細胞

3 最後，增殖的愛滋病毒們會消滅輔助T細胞，接著尋找下一個輔助T細胞。

哈哈哈，趕快尋找下一個目標吧

137

scene 9.2　如果失去司令官，免疫的實戰部隊就會無用武之地

失去司令官的免疫細胞們，陷入群龍無首的局面，不知該何去何從。

舉例而言，假設現在有細菌入侵體內，照理來說，B 細胞會先捕捉異物，接著立即向輔助 T 細胞求助，但是輔助 T 細胞已經一命嗚呼，讓 B 細胞求助無門。因此 B 細胞只能眼睜睜看著愈來愈多的細菌入侵，完全束手無策。

另外，消滅已被病毒感染的細胞，一向是殺手 T 細胞的職責，但是如果沒有接到輔助 T 細胞的指示，它就不會起身動工，依然呼呼大睡。如此一來，只能讓細菌的勢力不斷坐大。這就是愛滋病毒最可怕之處。

負責免疫的成員雖然包括 B 細胞和殺手 T 細胞等多名大將，但是狡猾的愛滋病毒深諳「擒賊先擒王」的道理，第一個瞄準的就是身為首腦的輔助 T 細胞。而且不僅如此，被愛滋病毒感染的宿主（人類），也不會馬上被愛滋奪走性命。因為愛滋只能生存在宿主的細胞中，所以宿主沒命的話，愛滋病毒也跟著失去增殖的機會。愛滋病毒可以在不取宿主性命的狀態下（無症狀狀態），不斷緩緩增殖，並且透過性交等途徑，傳染給下一個宿主。

愛滋病毒從根本癱瘓整個免疫反應

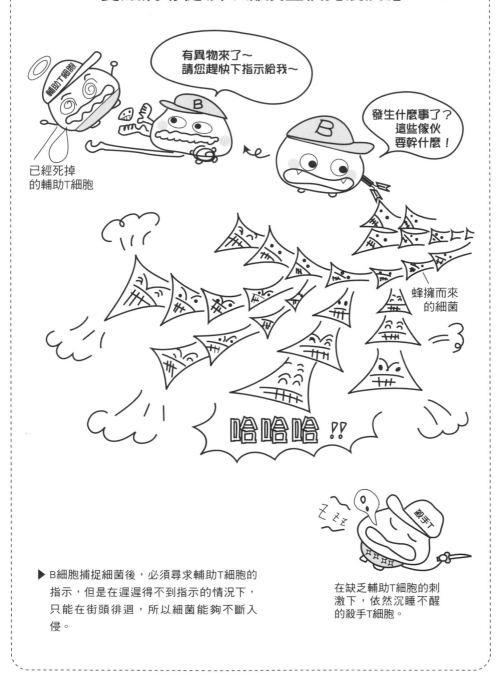

▶ B細胞捕捉細菌後，必須尋求輔助T細胞的指示，但是在遲遲得不到指示的情況下，只能在街頭徘徊，所以細菌能夠不斷入侵。

在缺乏輔助T細胞的刺激下，依然沉睡不醒的殺手T細胞。

scene 9.3 愛滋病毒不斷轉換模樣，因而躲過攻擊

面對令人聞之色變的愛滋病毒，雖然目前已經開發了各式疫苗與藥物，但至今沒有一項能稱得上是特效藥。原因在於愛滋病毒會不斷改變自己的蛋白質，以不同的樣貌示人，藉此躲避抗體和藥劑的作用。前面已經提過，所謂蛋白質的設計圖，其實就是基因，而愛滋病毒最危險之處便在於它能夠隨時改變其蛋白質的形狀，速度快到連我們的免疫細胞和新藥開發都只能望塵莫及。愛滋病毒最讓人感到棘手的原因是，它會直搗免疫反應中的重要核心，對輔助 T 細胞痛下毒手，而且不斷變裝，以躲避抗體和藥物的攻擊。究竟距離人類能夠徹底征服這種病毒的日子，還要多久才會到來呢？

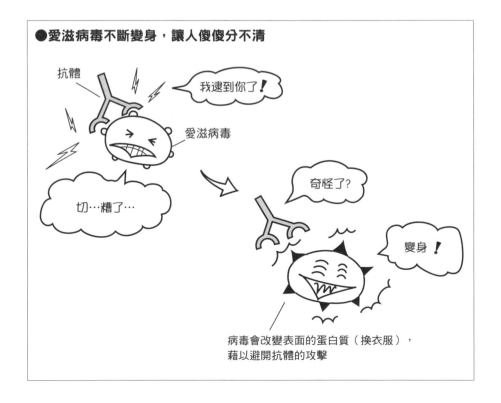

●愛滋病毒不斷變身，讓人傻傻分不清

抗體

我逮到你了！

愛滋病毒

切…糟了…

奇怪了？

變身！

病毒會改變表面的蛋白質（換衣服），
藉以避開抗體的攻擊

聊天室

輔助Ｔ細胞 沒想到我會栽在愛滋病毒手上，真希望對抗愛滋的特效藥能夠早點問世。啊，我快不行了。嗯？那位先生，你好像是因為發現了牛痘疫苗而變成名人的嘛……

詹納的鬼魂 沒錯，我就是詹納。

輔助Ｔ細胞 那你為什麼會在這裡？難道你特地從遙遠的過去跑這一趟，是為了指點如何消滅愛滋病毒的高招嗎？也對啦，我馬上就要去你那個世界了。

詹納的鬼魂 你戰到了最後一刻，也算值得了……。老實說，我現在非常難過，我一心想讓孩子免於受到牛痘的威脅，沒想到從牛痘的發現到實際的應用，卻花了漫長的兩百年才能實現。照道理說，靠我的疫苗療法，根本不是愛滋病毒的對手吧。

輔助Ｔ細胞 你說的沒錯。但是我相信天無絕人之路，一定能想出辦法。要我眼睜睜看著人類被愛滋病毒折磨得死去活來？免談！總之，請你替我們好好加油打氣吧。畢竟對人類而言，天花也曾經是不治之症啊。

詹納的鬼魂 你真的以為天花病毒已經不存在這個世界上了嗎？

輔助Ｔ細胞 你怎麼會問這種問題？不是老早就滅絕了嗎？既然WHO都已經宣布完全消滅，不就代表病毒已經沒有了嗎？

詹納的鬼魂 為了研究之用，美國和俄羅斯的病毒研究所都以冷凍方式保存著病毒呢，不過完全是為了解析基因等研究之用。考慮到病毒也有可能成為恐怖攻擊的工具，所以有人認為應該要廢棄，WHO也在2002年向他們提出銷毀的勸告。不過，根據美國政府在2001年11月的發言，為了以備生物恐怖攻擊之需，他們宣布會繼續保存天花病毒。

輔助Ｔ細胞 什麼嘛，竟然還有這些插曲。……我可能真的快不行了，詹納先生，就讓我們一起見證「這個世界的末日」會是什麼模樣吧。

間奏曲
體液病理學說的再發現

塵封已久的體液病理學說

看了第 2 部，相信大家都已經了解「多數的疾病都是由細胞或分子間的失衡所引起」。談到這，我不禁想起直到 17 世紀末為止，在西歐根深蒂固的體液病理學說。所謂的體液病理學說認為「人體由血液、黃膽汁、黑膽汁和黏液這 4 種體液所構成，當這些體液失去平衡狀態時，便會導致疾病產生」。這樣的觀點在今天或許令人覺得荒謬，但是活在好幾百年前的先人，起碼已經知道是某種失衡造成疾病產生。所以重新檢視體液病理學說時，即使不必再三強調「細胞或分子間的失衡導致疾病產生」，也會顯得很有說服力。

體液病理學說在 17 世紀末時，一直是西歐醫學的主流；直到 19 世紀末，證實了病原微生物就是疾病的 "本尊" 後，體液病理學說便迅速煙消雲散了；到了 20 世紀末，與醫學交手的新對象換成了蛋白質和基因等分子，至於「體液病理學說」，更是老早就消失在歷史的長河，連提都沒有人提。相形之下，微生物學在 19 世紀末成了醫學的主流，到了 20 世紀末，轉由分子生物學在醫學界叱吒風雲。確實從 19 世紀末到現在，微生物學和分子生物學替我們解決了不少自然與疾病方面的疑惑，拜兩者所賜，也成功開發了各種治療方法。更別提疫苗與病原微生物的剋星——抗生素的問世，拯救了多少人命。即使如此，我們仍應該嚴肅面對這個現實：尚未探索的自然未知領域依然是無邊無際。在第 2 部介紹的過敏、類風溼性關節炎、癌症、愛滋病，不論哪一項，目前我們可說還是一無

所知。 現代分子生物學的理論，與現實完全背道而馳的無奈，我想今後終究仍無法避免。

未知的領域仍然無邊無際

面對充滿矛盾的現實，繼續鑽研微生物和分子學固然重要，不過，重新秉持體液病理學說的精神，探討「如何恢復已經失衡的身體秩序」，或許也同等重要。

如果把前人所說的「4種體液失衡而引起多數疾病」，改成「巨噬細胞、T細胞、B細胞和其他細胞失衡，造成多數疾病產生」，大家是不是覺得有幾分道理呢？為了恢復身體失衡的秩序，以自體免疫疾病的患者為例，他們要採取的治療是能夠除去會攻擊自己的T細胞，這麼聽起來，不就等於現代版的放血療法嗎？前面也有提到，為了促使T細胞恢復活力，所以先把T細胞從癌症患者身上取出，給予刺激後，再讓活化的T細胞回到患者身上。這些療法，不都和「恢復平衡」有異曲同工之妙嗎？

有些疾病是因為巨噬細胞的作用過於旺盛所引起，例如類風溼性關節炎。為了克服這樣的疾病，或許今後開發的重點會是如何緩和巨噬細胞的機能。

當我們的“能力”陷入瓶頸，我想，就是我們該擷取前人的經驗，向他們取經的時候。畢竟早在連顯微鏡和抗生素都付之闕如的時代，前人們也一樣拚命思考，為了釐清疾病的真相而無所不用其極。

聊天室 ☕

"Eppur si muove ！"（即使如此，地球還是照常轉動）

1960 年代後期，多田富雄教授和 Richard Gershon 教授各別發現從體外將 T 細胞注入體內，將可積極抑制免疫反應的現象。

免疫反應究竟如何展開，是當時免疫學的焦點，所以多田和 Gershon 教授解開免疫反應如何結束的謎團，在生物學上具備極為重要的意義。

多田先生當初把在各種 T 細胞中，具備免疫抑制作用的種類，命名為 "Regulatory（調節性、控制性）T 細胞"。不過，輔助 T 細胞也具備 "Regulate（調節、控制）的作用"，所以將之改名為「Suppressor T 細胞（Ts）」。教授根據回憶曾表示「Suppressor T 細胞這個名字是 Richard Gershon 和我等其他人一起面對面討論後決定的」。

Ts 的研究到了 1970 年代後期發展到顛峰，但是受限於當時的實驗技術，有關 Ts 的分子實際狀態的認知，長期以來一直在原地踏步，甚至連 Ts 的存在本身也受到質疑。有些作風激烈的團體還斷言「Ts 並不存在」。面對如此逆境，多田教授也像伽利略一樣，做出 "Eppur si muove ！"（即使如此，地球還是照常轉動）的宣言。

隨著歲月流轉，即使進入 1990 年代，拜迥異於過往的實驗方法所賜，總算證實了抑制免疫反應 T 細胞的存在。坂口志文教授發現了「CD4 陽性 CD25 陽性 Foxp3 陽性調節 T 細胞」，如果把「若注入身體，T 細胞就能抑制免疫反應」當作是來自多田教授的 "逆向思考"，那麼坂口先生提出的「如果去除體內的 T 細胞，就會引起自體免疫疾病」，就屬於反向的 "逆向思考" 了。

在這個發現之後，陸續也證實了好幾種調節型 T 細胞的存在，包括 Tr1 細胞、Th3 細胞、Qa-1a 拘束型 CD8 陽性調節型細胞、CD4 陽性 CD25 陰性 LAG3 陽性調節型 T 細胞等。另外也確定抑制的方法並非千篇一律。雖然「Suppressor T 細胞」的說法已不再是主流，但是因 T 細胞而產生的 Suppression（抑制）現象卻是千真萬確的事實。地球果然還是一直在轉啊！

（參考「抑制型T細胞：過去與現在」日本免疫學會會報　VOL.11 No.1 2003年.Fujio K etal., Regulatory cell subsets in the control of autoantibody production related to systemic autoimmunity,Ann Rheum Dis. 2013；72 Suppl 2：ii85-ii89.）

終幕

生命的
技法

透過免疫細胞的生命過程來看生命的技法

　　所謂的免疫，並非只是不攻擊「自己」、完全針對「非己」發動攻擊如此單純。事實上，我們的身體隨時都在上演驚心動魄的大戲，不是忙著消滅對「自己」可能會產生反應的細胞，就是想辦法刺激、妨礙它們。

　　免疫細胞們有時候會突然暴動，不是突然攻擊花粉等無害物質，就是對「自己」展開照理說不可能的攻擊。不僅如此，免疫細胞們有時甚至會被耍得團團轉，錯放應該被消滅殆盡的癌細胞不斷坐大。不過，透過這些細胞的成長過程，也能窺見生命為了生存使出的渾身解數，或是「生命的技法」。

　　接下來，讓我們揭開免疫劇場的最後一幕，見識這齣壯闊的史詩劇會展現出哪些技法吧。

scene 10.1　一開始只是單純的細胞

在免疫劇場擔綱演出的除了身為司令官的輔助 T 細胞，還有隸屬於實戰部隊的巨噬細胞、B 細胞、殺手 T 細胞等多位成員。每一位成員雖然各有特色，其實他們的祖先都可追溯到同一個嬰兒的細胞，也就是平凡無奇的造血幹細胞，這些嬰兒細胞存在於骨髓（p.58）。造血幹細胞分裂而成的新細胞，不久之後便會受到在"偶然"置身的環境影響下，不斷成長為類似淋巴球的細胞（未成熟淋巴球）和其他以外的細胞（骨髓幹細胞）。

未成熟的淋巴球，將來會變成 T 細胞和 B 細胞；至於骨髓幹細胞，則會成長為巨噬細胞或其他免疫細胞（嗜中性球和嗜酸性球等）。

從最平凡無奇的造血幹細胞，誕生而成的各種細胞們，接著便開始互相牽引，展開一連串的免疫反應。

追根究柢起來，我們身體的 60 兆個細胞，也是源自受精卵這個毫無特色的單純細胞。受精卵不斷分裂、增殖而成的眾多細胞中，最後會孕育出神經細胞、心臟細胞等特定細胞，而透過它們彼此間的相互關係，我們的身體也才得以成形。

不論是身體的組成或免疫反應等生命活動，都是藉由從受精卵和造血幹細胞這些單純細胞所產生的特定細胞，彼此間產生的交互關係所維持，宛如一首壯闊的交響樂。所謂撼動人心的音樂，一開始的主線大多單純，但是簡單的主線會延伸出許多各具特色的旋律，最後交織成一首美妙動人的樂曲。

一開始只是單純的細胞

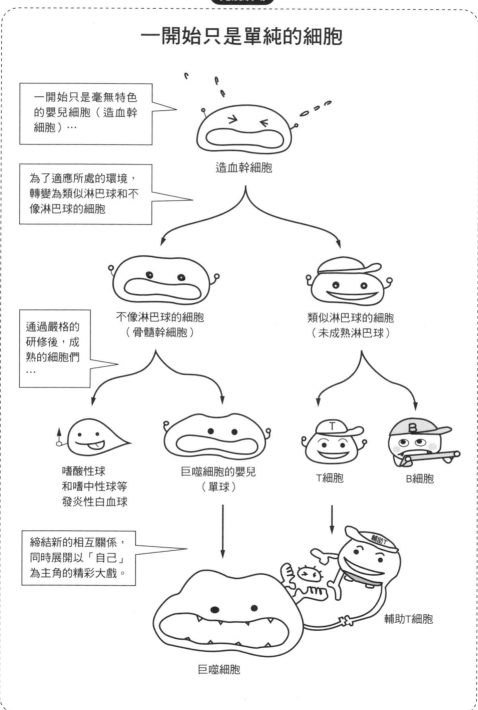

一開始只是毫無特色的嬰兒細胞（造血幹細胞）⋯

造血幹細胞

為了適應所處的環境，轉變為類似淋巴球和不像淋巴球的細胞

不像淋巴球的細胞（骨髓幹細胞）

類似淋巴球的細胞（未成熟淋巴球）

通過嚴格的研修後，成熟的細胞們⋯

嗜酸性球和嗜中性球等發炎性白血球

巨噬細胞的嬰兒（單球）

T細胞

B細胞

締結新的相互關係，同時展開以「自己」為主角的精彩大戲。

巨噬細胞

輔助T細胞

scene 10.2 生命很重視 "偶然的相遇"

前面已經提過，將來會成為各種細胞的嬰兒細胞，也就是造血幹細胞，會依照生長環境而成為 T 細胞或 B 細胞，也可能是巨噬細胞。接下來，我們把焦點放在這"完全出於隨機的相遇"。從造血幹細胞長為類似淋巴球的細胞，也就是未成熟的淋巴球，如果遇到很會照顧人的骨髓間質細胞，就能夠獲得滋養的黏附與營養的細胞激素，成長為 B 細胞。順便一提為何稱之為 B 細胞好了，因為孕育它們的骨髓，在英文稱為 "bone marrow"。

不過，未成熟的淋巴球要是"偶然"遇到毫不留情的胸腺上皮細胞，事情可就嚴重了。理由很簡單，因為遇見胸腺上皮細胞的未成熟淋巴球，只有 3% 的機會可以存活下來＊。僅有倖存的 3% 細胞，能夠以 T 細胞的身分繼續接下來的旅程。它們之所以被稱為 T 細胞，理由在於負責嚴格調教它們的胸腺，在英文稱為 "thymus"。

總而言之，淋巴球的嬰兒細胞如果偶然遇到骨髓間質細胞，就會成為 B 細胞，但如果遇到的是胸腺上皮細胞，就會變成 T 細胞。這份"湊巧"的差異，將會決定細胞的命運。將之稱為生命的技法應該不為過吧，大家不覺得和我們的人生有幾分相似嗎？

＊　可能會對骨髓中的自己抗原產生反應的B細胞也會遭到消滅，但是規模不及T細胞龐大。

不同的偶然相遇，會造成截然不同的命運

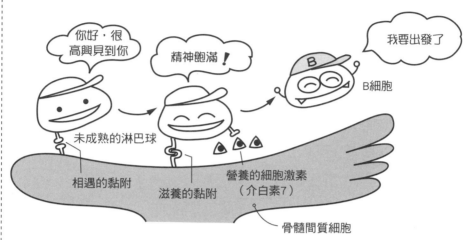

未成熟的淋巴球，如果湊巧遇到宅心仁厚的骨髓間質細胞，
就會得到補給和滋養的細胞激素，成長為B細胞。

scene 10.3 乍看之下，細胞的誕生是一場無謂的浪費

　　對生物了解愈多，有時候我不禁會對其中的某些技法佩服不已，但有時候也會感到納悶「為什麼生物也會做白工，產生這麼多無謂的浪費呢？」。舉例而言，成年男子大約每 1 秒鐘會製造出1000 個左右的精子（不知道是不是有人真的數過）。如此龐大的製造量，乍看之下根本是無謂的浪費，但果真是如此嗎？

　　另外，請大家回想前面提過的胸腺學校。為了避免免疫攻擊「自己」，好不容易才長大的未成熟 T 細胞，竟然有高達 97% 會慘遭消滅（p.60）。換句話說，為了最後倖存的 3% 的 T 細胞，一開始先製造了大量的免疫角色，也就是未成熟的 T 細胞（開花）。在這個時間點，根本無法預測這些未成熟的 T 細胞，到底與生俱來哪一種受體。原因很簡單，因為要以哪些設計圖（基因片段）彼此相連來製造 T 細胞受體，完全是隨機決定（p.35）。直到最後，擁有可能會對自己產生反應的 T 細胞受體的細胞，才會被消滅得一乾二淨（修整）。

　　事實上，我們的腦部成形時，也會上演類似的劇碼。首先，會製造出許多臨時演員的腦細胞（開花）。腦細胞們會伸出細細長長的凸起，彼此相互產生關係。到底由哪個細胞與哪個細胞產生連結，完全由偶然決定。無法順利產生連結的腦細胞，最後只能迎接被消滅的命運（修整）。

　　用來取決 T 細胞的標準是身體方面的「自己」，而用來取決腦細胞的標準是精神方面的「自己」。兩者雖然截然不同，值得玩味的是，它們都採用「開花與修整」的共同技法。話說回來，生物為什麼要這麼大費周章呢？

乍看之下，細胞的誕生是一場無謂的浪費

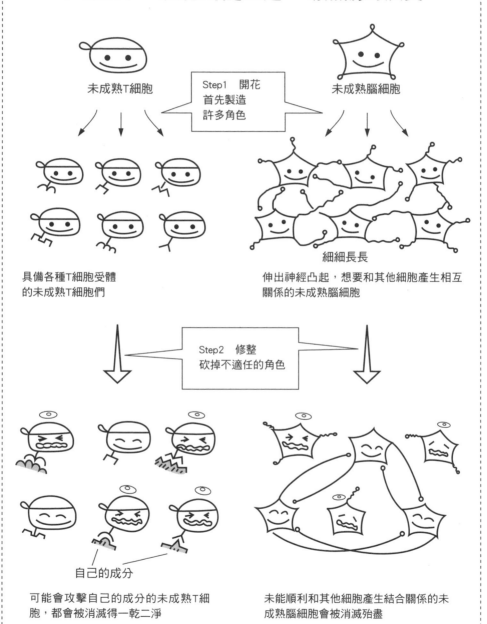

未成熟T細胞

Step1　開花
首先製造
許多角色

未成熟腦細胞

具備各種T細胞受體
的未成熟T細胞們

細細長長

伸出神經凸起，想要和其他細胞產生相互
關係的未成熟腦細胞

Step2　修整
砍掉不適任的角色

自己的成分

可能會攻擊自己的成分的未成熟T細
胞，都會被消滅得一乾二淨

未能順利和其他細胞產生結合關係的未
成熟腦細胞會被消滅殆盡

scene 10.4 性格和人格是由基因決定的嗎？

　　沒有多久前，基因成為備受注目的焦點，「性格和人格是否由基因決定」也不斷被拿出來當作討論的話題。其實，基因不過是蛋白質的設計圖（第 2 幕）。換言之，基因即使能夠依照對蛋白質的解讀，決定腦細胞的形狀和配置方式，但是，在腦部形成時，每一個腦細胞究竟如何彼此結合，就不是基因所能掌控的了。哪一個腦細胞要和哪一個腦細胞結合，或者是哪一個腦細胞會因為結合失敗而死亡，完全由“偶然”決定。正因為基因的影響力遠不及“偶然”，所以即使是基因相同的同卵雙胞胎，“照理說”各方面都應該一模一樣才對，但兩人的個性還是可能截然不同。

　　現在已經發現，以前認為同卵雙胞胎的基因組“理應”如出一轍，但即使是同卵雙胞胎，兩人的 T 細胞和 B 細胞的基因組並不相同。B 細胞和 T 細胞雖然也是經由基因重組而產生新的基因，但是其排列方式是完全出於“偶然”。因為“偶然”的重要性大於一切，所以每個生命才會顯現出獨一無二的不可取代性。或許這樣的說法是有些誇張，但是將“偶然”運用得淋漓盡致，不惜以「開花與修整」製造的龐大浪費，是腦和免疫為了凌駕基因的影響所採取的必要手段。

scene 10.5 腦部和胸腺的相似程度令人拍案叫絕

　　腦細胞和 T 細胞的製造量都相當龐大，但最後卻免不了被剷除絕大部分的結果。不過，腦部和免疫的類似之處並非只有這點，身為腦細胞舞台的腦部，和培育胸腺之處的胸腺，兩者乍看之下是毫無共通處的器官，但仔細比較的話，不難發現它們相似的程度，簡直叫人嘖嘖稱奇。

　　腦部最活躍的主角是腦細胞，而支配它的是一種星狀膠質細胞。正如其名，這是一種星狀的細胞。另外，T 細胞是活躍於胸腺這個舞台的主角，最特別的是，它的身邊環繞著一群可怕的老師，也就是胸腺上皮細胞（別名看護細胞）。最近得知，不論是包覆腦細胞的星狀膠質細胞，還是育孕 T 細胞的胸腺上皮細胞，都是由同一系統的神經脊細胞所產生。換言之，星形膠質細胞和胸腺上皮細胞等於是兄弟關係。畢竟是兄弟，即使形狀和功能都很相似也不足為奇了。它們都會牢牢包住血管，以防多餘的物質從血管滲出；另外也會包住各自的主角，也就是腦細胞和 T 細胞，提供滋養的因子和細胞死亡的因子（Immunology Today 2000;21:133）。我們的人體分別製造出腦部和胸腺，兩者乍看下是毫無關係的器官，其實卻取巧地使用一模一樣的技法。有時毫不手軟的製造大量的浪費，有時投機取巧——這就是生命的技法。

免疫劇場

相似到令人嘖嘖稱奇的腦部和胸腺

腦的情況

髓膜是
腦部表面的膜

星狀膠質細胞是
形狀為星形的細胞

包圍住血管

腦細胞

胸腺的情況

被膜是
胸腺表面的膜

胸腺上皮細胞
（第4幕的
可怕老師）

把你的手伸出
來給我檢查！

未成熟T細胞

喉

　　把偶然的相遇擺在第一位，除了無謂的浪費，也有投機取巧的
一面。正因為同時兼具重視「偶然」與「浪費」的特質，才能打造
出獨一無二的個性。從這樣的生命技法獲得勇氣的人，或許不僅有
我一個人吧。最後，我想以一句話替之前所介紹過的所有內容做一
總結，這句話引用自《莫札特》一書。

　　「生命的力量也包括將外部的偶然視為內部必然的能力」
　　小林秀雄、1946 年

長途跋涉了這麼久，你辛苦了

後記～懷著滿腔的感謝

　　根據我爸媽標註的日期，這張漫畫是我在弟弟出生後沒多久畫的。這是我在懵懂無知的幼年時期，嘗試表現出生命偉大之處的處女作。時光荏苒，歲月如梭，現在的我如果稍能表現出生命的奧妙與可貴之處，也值得欣慰了。這份心情正是促成我寫本書的催化劑。不過，光靠「心意」，還是無法化為實際的形體。

（昭和 49 年 8 月のまんが）

　　除了有勞負起監修一職的多田富雄老師，我也要藉此機會，感謝講談社 Scientific 的國友奈緒美小姐、多田老師事務所的山口葉子小姐、東京理科大學的久保允人老師，以及其他多位人士，族繁不及備載。承蒙各位的協助，本書才得以問世。

2001 年 10 月　　　　　　　　　　　　　　　　　萩原清文

參考文獻

免疫的意義論　多田富雄、青士社、1993 年

生命的意義論　多田富雄、新潮社、1997 年

生命—其開始的形式　多田富雄、中村雄二郎編、誠信書房、1994 年

修西的底斯　戰史　久保正彰譯、世界的名著 5、中央公論社、1980 年

續‧大假說　大野乾、羊士社、1996 年

病理的歷史與文化的控制　福田真人、The Thinking,vol.17,No.1, Yamatake- Honeywell,1986

免疫‧「自己」與「非己」的科學（NHK 人類大學）多田富雄先生、日本放送出版協會、1998 年（NHK Books、2001 年）

「波動」的不可思議故事　宇宙在思考　佐治春夫、PHP 研究所、1994 年

從卵到我—發生的故事—　柳澤桂子、岩波書店、1996 年

Molecular Biology of the Cell 5th Edition,Bruce Alberts,Alexander Johnson,Julian Lewis,Martin Raff,Keith Roberts,Peter Walter,2008

Immunobiology:The immune system in health and disease 8th ed.,Charles A.Janeway, Paul Travers,Mark Walport,J Donald Capra,2011

（日語版）JANEWAY‧TRAVERS 免疫生物學——免疫系統的正常與病理　原著第 7 版、笹月健彥監譯、南江堂、2003 年

漫畫生子學　萩原清文 著‧圖、多田富雄‧谷口維紹監修、哲學書房、1999 年

漫畫免疫學　萩原清文 著‧圖、多田富雄‧谷口維紹監修、哲學書房、1996 年

索引

國家圖書館出版品預行編目資料

圖解免疫學 / 萩原清文著；多田富雄監修；藍嘉楹譯.
-- 初版 . -- 臺中市：晨星，2017.02
　　面； 公分 . -- (知的！醫學；114)
　　譯自：好きになる免疫学
　　ISBN 978-986-443-220-2(平裝)

　　1. 免疫學

369.85　　　　　　　　　　　　　　　　105023617

知
的
！
114

圖解免疫學

作者	萩原清文
監修	多田富雄
譯者	藍嘉楹
編輯	吳雨書
校對	吳雨書
美術編輯	曾麗香
封面設計	柳佳璋

創辦人　　陳銘民
發行所　　晨星出版有限公司
　　　　　台中市 407 工業區 30 路 1 號 1 樓
　　　　　TEL：04-23595820　FAX：04-23550581
　　　　　http://star.morningstar.com.tw
　　　　　行政院新聞局局版台業字第 2500 號
法律顧問　陳思成律師
初版　　　西元 2017 年 2 月 20 日
再版　　　西元 2021 年 7 月 31 日（三刷）

讀者專線　TEL：02-23672044 / 04-23595819#230
　　　　　FAX：02-23635741 / 04-23595493
　　　　　E-mail:service@morningstar.com.tw
晨星網路書店　http://www.morningstar.com.tw
郵政劃撥　15060393（知己圖書股份有限公司）
印刷　　　上好印刷股份有限公司

定價 290 元

掃描 QR code 填回函，成為晨星網路書店會員，
即送「晨星網路書店 Ecoupon 優惠券」一張，
同時享有購書優惠。